Sitzungsberichte der Heidelberger Akademie der Wissenschaften
Mathematisch-naturwissenschaftliche Klasse

Die Jahrgänge bis 1921 einschließlich erschienen im Verlag von Carl Winter, Universitätsbuchhandlung in Heidelberg, die Jahrgänge 1922—1933 im Verlag Walter de Gruyter & Co. in Berlin, die Jahrgänge 1934—1944 bei der Weiß'schen Universitätsbuchhandlung in Heidelberg. 1945, 1946 und 1947 sind keine Sitzungsberichte erschienen.

Jahrgang 1938.

1. K. FREUDENBERG und O. WESTPHAL. Über die gruppenspezifische Substanz A (Untersuchungen über die Blutgruppe A des Menschen). DM 1.20.
2. Studien im Gneisgebirge des Schwarzwaldes. VIII. O. H. ERDMANNSDÖRFFER. Gneise im Linachtal. DM 1.—.
3. J. D. ACHELIS. Die Ernährungsphysiologie des 17. Jahrhunderts. DM 0.60.
4. Studien im Gneisgebirge des Schwarzwaldes. IX. R. WAGER. Über die Kinzigitgneise von Schenkenzell und die Syenite vom Typ Erzenbach. DM 2.50.
5. Studien im Gneisgebirge des Schwarzwaldes. X. R. WAGER. Zur Kenntnis der Schapbachgneise, Primärtrümer und Granulite. DM 1.75.
6. E. HOEN und K. APPEL. Der Einfluß der Überventilation auf die willkürliche Apnoe. DM 0.80.
7. Beiträge zur Geologie und Paläontologie des Tertiärs und des Diluviums in der Umgebung von Heidelberg. Heft 3: F. HELLER. Die Bärenzähne aus den Ablagerungen der ehemaligen Neckarschlinge bei Eberbach im Odenwald. DM 2.25.
8. K. GOERTTLER. Die Differenzierungsbreite tierischer Gewebe im Lichte neuer experimenteller Untersuchungen. DM 1.40.
9. J. D. ACHELIS. Über die Syphilisschriften Theophrasts von Hohenheim. I. Die Pathologie der Syphilis. Mit einem Anhang: Zur Frage der Echtheit des dritten Buches der Großen Wundarznei. DM 1.—.
10. E. MARX. Die Entwicklung der Reflexlehre seit Albrecht von Haller bis in die zweite Hälfte des 19. Jahrhunderts. Mit einem Geleitwort von Viktor v. Weizsäcker. DM 3.20.

Jahrgang 1939.

1. A. SEYBOLD und K. EGLE. Untersuchungen über Chlorophylle. DM 1.10.
2. E. RODENWALDT. Frühzeitige Erkennung und Bekämpfung der Heeresseuchen. DM 0.70.
3. K. GOERTTLER. Der Bau der Muscularis mucosae des Magens. DM 0.60.
4. I. HAUSSER. Ultrakurzwellen. Physik, Technik und Anwendungsgebiete. DM 1.70.
5. K. KRAMER und K. E. SCHÄFER. Der Einfluß des Adrenalins auf den Ruheumsatz des Skeletmuskels. DM 2.30.
6. Beiträge zur Geologie und Paläontologie des Tertiärs und des Diluviums in der Umgebung von Heidelberg. Heft 2: E. BECKSMANN und W. RICHTER. Die ehemalige Neckarschlinge am Ohrsberg bei Eberbach in der oberpliozänen Entwicklung des südlichen Odenwaldes. (Mit Beiträgen von A. STRIGEL, E. HOFMANN und F. OBERDORFER.) DM 3.40.
7. Studien im Gneisgebirge des Schwarzwaldes. XI. O. H. ERDMANNSDÖRFFER. Die Rolle der Anatexis. DM 3.20.
8. Beiträge zur Geologie und Paläontologie des Tertiärs und des Diluviums in der Umgebung von Heidelberg. Heft 4: F. HELLER. Neue Säugetierfunde aus den altdiluvialen Sanden von Mauer a. d. Elsenz. DM 0.90.
9. K. FREUDENBERG und H. MOLTER. Über die gruppenspezifische Substanz A aus Harn (4. Mitteilung über die Blutgruppe A des Menschen). DM 0.70.
10. I. VON HATTINGBERG. Sensibilitätsuntersuchungen an Kranken mit Schwellenverfahren. DM 4.40.

Sitzungsberichte
der Heidelberger Akademie der Wissenschaften
Mathematisch-naturwissenschaftliche Klasse
Jahrgang 1949, 3. Abhandlung

Die eindeutige Zerlegbarkeit eines Knotens in Primknoten

Von

Horst Schubert
Heidelberg

Mit 7 Textabbildungen

Vorgelegt in der Sitzung vom 29. Mai 1948

Heidelberg 1949

Springer-Verlag

ISBN-13: 978-3-540-01419-5   e-ISBN-13: 978-3-642-45813-2
DOI: 10.1007/978-3-642-45813-2

Alle Rechte, insbesondere das der Übersetzung in fremde Sprachen,
vorbehalten.

Copyright 1949 by Springer-Verlag OHG. in Berlin, Göttingen and
Heidelberg.

Die eindeutige Zerlegbarkeit eines Knotens in Primknoten*.

Von

Horst Schubert in Heidelberg.

Mit 7 Textabbildungen.

Inhaltsübersicht.

Einleitung 4
  Kapitel I. Knoten und Kugelsehne 5
    1 Erzeugung eines Knotens durch eine Kugelsehne 5
    2. Semilineare Abbildungen 8
    3 Die Bestimmtheit einer Kugel mit Sehne durch einen Knoten 11
    4. Flächen, die in Knotenlinien eingespannt sind 16
  Kapitel II. Produktknoten 17
    5 Das Produkt zweier Knoten 17
    6. Kugelsehne und Produkt zweier Knoten 19
    7. Produkte von mehreren Knoten 23
    8 Das Geschlecht des Produktknotens 24
    9. Kreis und Primknoten 28
  Kapitel III. Die Zerlegung eines Knotens in Primknoten 29
    10. Zerlegende Systeme von Kugeln 29
    11. Ein Hilfssatz über zerlegende Systeme von Kugeln 33
    12. Die Eindeutigkeit der Zerlegung in Primknoten 47
Literatur 50

Im ersten Kapitel dieser Arbeit ersetzen wir den Knoten durch eine Kugel mit Sehne und zeigen, daß sich Knoten und Kugel mit Sehne gegenseitig bis auf Äquivalenz durch semilineare Abbildungen eindeutig bestimmen. Mittels der Kugeln mit Sehne können wir im zweiten Kapitel das Produkt von Knoten definieren. Dieses Produkt ist kommutativ und assoziativ. Der Kreis spielt die Rolle des Einselementes. Es existieren Primknoten, das sind solche Knoten, die nicht als Produkt zweier vom Kreis verschiedener Knoten dargestellt werden können. Im dritten Kapitel zeigen wir, daß jeder Knoten eindeutig in Primknoten zerlegbar ist.

---
  * Als Dissertation von der nat.-math. Fakultät der Universität Heidelberg angenommen.

Einleitung.

Für die Definition des Knotens schließen wir uns an REIDE-MEISTER [1][1] an. Es ist jedoch für unsere Zwecke, wie für viele Betrachtungen der Knotentheorie, zweckmäßig, als einbettenden Raum nicht den dreidimensionalen euklidischen Raum $\Re^3$ sondern die 3-Sphäre $\mathfrak{S}^3$ zu benutzen. Damit der Begriff des euklidischen Simplexes einen Sinn hat, fassen wir die $\mathfrak{S}^3$ als Rand eines euklidischen 4-Simplexes im vierdimensionalen euklidischen Raum $\Re^4$ auf[2]. Zur Vereinfachung der Ausdrucksweise zeichnen wir eine Ecke dieses 4-Simplexes als Punkt „Unendlich" der $\mathfrak{S}^3$ aus und nennen die ihm gegenüberliegende Seite des 4-Simplexes das Basissimplex der $\mathfrak{S}^3$.

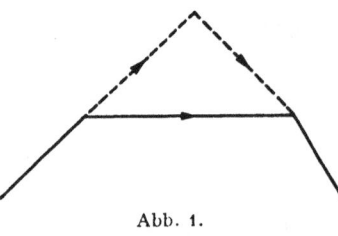

Abb. 1.

Eine Knotenlinie ist ein orientierter, geschlossener und doppelpunktfreier Weg in der $\mathfrak{S}^3$, der aus endlich vielen euklidischen 1-Simplexen besteht. Zwei Knotenlinien heißen äquivalent, wenn sie durch endlich viele kombinatorische Deformationen der folgenden Art auseinander entstehen:

D. In einem orientierten Streckenkomplex, mit dem ein 2-Simplex genau eine Kante gemein hat, ersetzt man den durch diese Kante gebildeten Teilkomplex durch die beiden anderen entsprechend orientierten Kanten des 2-Simplexes (Abb. 1).

D'. Die inverse Deformation.

Ein Knoten ist eine Klasse äquivalenter Knotenlinien. Als Kreis wird der Knoten bezeichnet, der durch den Rand eines orientierten euklidischen 2-Simplexes repräsentiert wird[3].

Wir treffen folgende Vereinbarungen: Wenn wir von Komplexen[4], insbesondere von Wegen, Flächen und Kugeln sprechen, so soll es sich dabei stets nur um Punktmengen in einem n-dimensionalen euklidischen Raum handeln[5], die einer Zerlegung in euklidische

---

[1] Die Zahlen in eckigen Klammern beziehen sich auf das Literaturverzeichnis.

[2] Für den Zusammenhang der Knotentheorie im $\Re^3$ mit unserem Modell der $\mathfrak{S}^3$ verweisen wir auf GRAEUB [2].

[3] Die Ränder irgend zweier orientierter euklidischer 2-Simplexe in der $\mathfrak{S}^3$ sind äquivalent.

[4] Komplex im Sinne von SEIFERT-THRELFALL [4]. Im Sinne von ALEXANDROFF-HOPF [5] handelt es sich um euklidische Polyeder.

[5] Außer den Hilfssätzen 1, 2, 3, in denen die Fixierung der Dimension unwesentlich ist, handelt es sich stets um den $\Re^4$.

Simplexe fähig sind. Unter Kugel verstehen wir dabei stets ein dreidimensionales Element. Als simpliziale Zerlegung lassen wir nur solche in euklidische Simplexe zu. Ein Komplex, auf dem eine simpliziale Zerlegung ausgezeichnet ist, heißt simplizial.

Unter diesen Vereinbarungen gilt: Sind die endlich vielen Komplexe $K_1, K_2, \ldots, K_n$ endlich (d. h. ihre simplizialen Zerlegungen bestehen aus endlich vielen Simplexen) und sind sie Teilmengen eines Komplexes K, so existiert eine simpliziale Zerlegung von K, in der auch $K_1, K_2, \ldots, K_n$ simplizial sind[6]. Ebenso existiert zu zwei simplizialen Zerlegungen desselben Komplexes stets eine gemeinsame simpliziale Unterteilung. Nach dem Vorangehenden hätten wir die Knotenlinie auch als orientierten, doppelpunktfreien, geschlossenen Kantenweg einer simplizialen Zerlegung der $\mathfrak{S}^3$ definieren können.

Kapitel I.
Knoten und Kugelsehne.
1. Erzeugung eines Knotens durch eine Kugelsehne.

Wir betrachten in der $\mathfrak{S}^3$ eine Kugel $\mathfrak{K}$ mit dem Rande $\mathfrak{R}$. Zwei Punkte A, B auf $\mathfrak{R}$ seien durch einen doppelpunktfreien, von A nach B orientierten Weg u verbunden, der abgesehen von seinen Endpunkten A, B, ganz im Inneren von $\mathfrak{K}$ verlaufen möge. Wir nennen u eine Sehne der Kugel $\mathfrak{K}$. Verbinden wir B und A durch einen doppelpunktfreien, von B nach A orientierten Weg v, der ganz auf $\mathfrak{R}$ verläuft, so ist der geschlossene Weg $k = uv$ eine Knotenlinie. Ist $\varkappa$ der durch k repräsentierte Knoten, so sagen wir, daß die Sehne u in der Kugel $\mathfrak{K}$ den Knoten $\varkappa$ erzeugt oder, falls kein Mißverständnis zu befürchten ist, daß in der Kugel $\mathfrak{K}$ der Knoten $\varkappa$ liegt.

Damit diese Ausdrucksweise einen Sinn hat, müssen wir zeigen, daß $\varkappa$ durch $\mathfrak{K}$ und u vollständig bestimmt ist, also unabhängig davon ist, wie der Weg v auf $\mathfrak{R}$ gewählt wird. Mit anderen Worten: Verbinden wir B mit A durch einen weiteren doppelpunktfreien Weg v' auf $\mathfrak{R}$, so sind die Knotenlinien $k = uv$ und $k' = uv'$ äquivalent.

Wir benutzen ohne Beweis die folgenden 3 Hilfssätze[7]:

---

[6] Dies folgt unmittelbar aus ALEXANDROFF-HOPF [5], Hilfssatz auf S. 149 (vgl. dazu Fußnote 4).

[7] Beweise dieser Hilfssätze finden sich bei GRAEUB [2].

Hilfssatz 1. Zwei Punkte A, B $(A \neq B)$ auf dem Rande eines Elementarflächenstückes $\mathfrak{e}$ zerlegen den Rand von $\mathfrak{e}$ in 2 Wege p und q, die beide von A nach B orientiert seien. Mittels der kombinatorischen Deformationen D und D' läßt sich p bei festgehaltenen Endpunkten A, B auf $\mathfrak{e}$ in q deformieren.

Hilfssatz 2. Eine 2-Sphäre wird durch einen geschlossenen, doppelpunktfreien Weg in 2 Elementarflächenstücke zerlegt. Zwei Elementarflächenstücke, deren Durchschnitt aus ihrem Rande besteht, bilden eine 2-Sphäre.

Hilfssatz 3. Ein Elementarflächenstück wird durch einen Querschnitt in 2 Elementarflächenstücke zerlegt.

Unter einem Querschnitt verstehen wir dabei einen doppelpunktfreien Weg, der von einem Randpunkt des Elementarflächenstückes zu einem anderen führt und der mit dem Rande des Elementarflächenstückes nur diese beiden Punkte gemein hat.

Unsere Behauptung ist:

Hilfssatz 4. Auf einer 2-Sphäre $\mathfrak{S}$ seien zwei verschiedene Punkte A, B durch zwei von A nach B orientierte doppelpunktfreie Wege v und w verbunden. Mittels der kombinatorischen Deformationen D und D' läßt sich v bei festgehaltenen Endpunkten A, B auf $\mathfrak{S}$ in w deformieren.

Nach dem in der Einleitung Gesagten existiert eine simpliziale Zerlegung $\mathfrak{Z}$ von $\mathfrak{S}$, in der v und w Kantenwege sind. Gemeinsame Punkte von v und w sind entweder Ecken von $\mathfrak{Z}$ oder mittlere Punkte von 1-Simplexen, auf denen v und w, von der Orientierung abgesehen, zusammenfallen. Wir konstruieren die Deformation schrittweise. Von A ausgehend betrachten wir die gemeinsamen Ecken von v und w in ihrer Reihenfolge auf w und erreichen bei jedem Schritt, daß v mit w zwischen zwei solchen Ecken zusammenfällt.

1. Schritt. Auf w sei E_1 die im Sinne der Orientierung erste von A verschiedene Ecke, die v und w gemein haben.

a) Ist $E_1 = B$, so fallen entweder v und w zusammen und es ist nichts zu beweisen, oder es ist vw^{-1} ein geschlossener, doppelpunktfreier Weg, durch den $\mathfrak{S}$ nach Hilfssatz 2 in 2 Elementarflächenstücke zerlegt wird. Auf eines von beiden können wir Hilfssatz 1 anwenden und sind mit dem Beweise fertig.

b) Ist E_1 von B verschieden, so wird v durch E_1 in 2 Wege v_1 (von A nach E_1) und $\bar{v}_1$ (von E_1 nach B) zerlegt und es wird w durch E_1 in 2 Wege w_1 (von A nach E_1) und $\bar{w}_1$ (von E_1 nach B) zerlegt.

Die eindeutige Zerlegbarkeit eines Knotens in Primknoten. 7

Fallen v_1 und w_1 zusammen (und dann notwendig mit gleicher Orientierung), so sind wir mit diesem Schritte fertig. Andernfalls ist, gemäß Wahl von E_1, $v_1 w_1^{-1}$ ein geschlossener, doppelpunktfreier Weg, durch den $\mathfrak{S}$ nach Hilfssatz 2 in 2 Elementarflächenstücke e_1 und $\bar{e}_1$ zerlegt wird. $\bar{v}_1$ hat mit $v_1 w_1^{-1}$ nur den Punkt E_1 gemein. Dies ergibt sich aus der Wahl von E_1 und der Doppelpunktfreiheit von v. $\bar{v}_1$ liegt daher ganz auf einem der beiden Elementarflächenstücke, etwa auf $\bar{e}_1$. Nach Hilfssatz 1 können wir v_1 auf e_1 kombinatorisch in w_1 deformieren. Da dabei E_1 festbleibt und $\bar{v}_1$ mit e_1 nur diesen Punkt gemein hat, wird damit gleichzeitig v kombinatorisch in $w_1 \bar{v}_1$ deformiert. Damit ist der erste Schritt beendet. Es sind dabei auf $\bar{w}_1$ keine neuen gemeinsamen Ecken von v und w entstanden, sondern möglicherweise nur gemeinsame Ecken, nämlich von v_1 und $\bar{w}_1$ weggefallen.

2. Schritt. A und B sind jetzt verbunden durch die doppelpunktfreien Wege $w_1 \bar{v}_1$ und $w = w_1 \bar{w}_1$. Auf $\bar{w}_1$ sei E_2 die erste von E_1 verschiedene Ecke, die $\bar{v}_1$ (und damit $w_1 \bar{v}_1$) mit w gemein hat.

a) Ist $E_2 = B$, so fallen entweder $\bar{v}_1$ und $\bar{w}_1$ zusammen (und zwar mit gleicher Orientierung) und wir sind fertig, oder es ist $\bar{v}_1 \bar{w}_1^{-1}$ ein geschlossener, doppelpunktfreier Weg. Wir können dann wie beim ersten Schritt unter b schließen.

b) Ist E_2 von B verschieden, so wird $\bar{v}_1$ durch E_2 in die beiden Wege v_2 (von E_1 nach E_2) und $\bar{v}_2$ (von E_2 nach B) und $\bar{w}_1$ in die beiden Wege w_2 (von E_1 nach E_2) und $\bar{w}_2$ (von E_2 nach B) zerlegt. Fallen v_2 und w_2 zusammen, so sind wir mit diesem Schritte fertig. Andernfalls ist, gemäß Wahl von E_2, $v_2 w_2^{-1}$ ein geschlossener, doppelpunktfreier Weg, durch den $\mathfrak{S}$ nach Hilfssatz 2 in 2 Elementarflächenstücke e_2 und $\bar{e}_2$ zerlegt wird, wobei B etwa auf $\bar{e}_2$ liegen möge. Gemäß Wahl von E_2 und wegen der Doppelpunktfreiheit von $\bar{v}_1$ liegt mit $B \bar{v}_2$ ganz auf $\bar{e}_2$ und hat mit e_2 nur den Punkt E_2 gemein. Je nach der Lage von A müssen wir 2 Fälle unterscheiden.

α) Liegt auch A auf $\bar{e}_2$, so liegt w_1 ganz auf $\bar{e}_2$ und hat mit e_2 nur den Punkt E_1 gemein. Nach Hilfssatz 1 läßt sich v_2 auf e_2 kombinatorisch in w_2 deformieren. Da dabei E_1 und E_2 festbleiben und w_1 mit e_2 nur den Punkt E_1, $\bar{v}_2$ mit e_2 nur den Punkt E_2 gemein hat, wird gleichzeitig $w_1 \bar{v}_1 = w_1 v_2 \bar{v}_2$ kombinatorisch in $w_1 w_2 \bar{v}_2$ deformiert.

β) Liegt A auf e_2, so liegt w_1 ganz auf e_2, und es gehört nur der Punkt E_1 von w_1 zum Rande von e_2. Wir ziehen auf e_2 einen Hilfsweg h, der von A nach einem von E_1 und E_2 verschiedenen Punkte C

auf v_2 führt und der mit w_1 nur den Punkt A und mit dem Rande $v_2 w_2^{-1}$ von e_2 nur den Punkt C gemein hat[8] (Abb. 2). C zerlegt v_2 in die beiden Wege v_{21} (von E_1 nach C) und v_{22} (von C nach E_2). Der Weg $h^{-1} w_1$ ist ein Querschnitt von e_2. Nach Hilfssatz 3 zerlegt er e_2 in das von $w_1 v_{21} h^{-1}$ berandete Elementarflächenstück e_{21} und das von $w_1 w_2 v_{22}^{-1} h^{-1}$ berandete Elementarflächenstück e_{22}. Nach Hilfssatz 1 läßt sich $w_1 v_{21}$ auf e_{21} kombinatorisch in h deformieren. Wie oben ergibt sich, daß dabei gleichzeitig $w_1 v_2 \bar{v}_2 = w_1 v_{21} v_{22} \bar{v}_2$ kombinatorisch in $h v_{22} \bar{v}_2$ deformiert wird. Auf e_{22} läßt sich nun $h v_{22}$ kombinatorisch in $w_1 w_2$ deformieren, wobei gleichzeitig $h v_{22} \bar{v}_2$ in $w_1 w_2 \bar{v}_2$ deformiert wird.

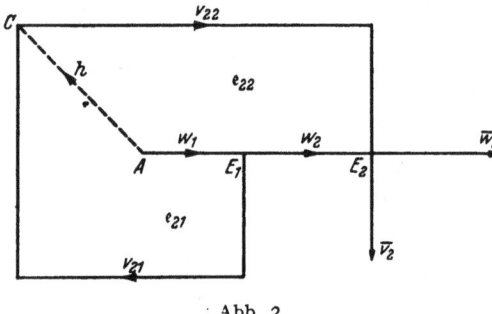

Abb. 2.

Damit ist auch in diesem Falle der zweite Schritt beendet. Auf $\bar{w}_2$ entstehen weder bei α noch bei β neue gemeinsame Punkte. Es verschwinden jedoch die gemeinsamen Ecken von v_2 und $\bar{w}_2$ außer E_2.

Die weiteren Schritte verlaufen unter Einführung der entsprechenden Ecken $E_3, E_4, \ldots$ wie der zweite. Da in der Zerlegung $\mathfrak{Z}$ auf w nur endlich viele Ecken liegen, muß schließlich eine der Ecken $E_3, E_4, \ldots$ mit B zusammenfallen, also der Fall eintreten, der dem Fall a beim zweiten Schritt entspricht. v läßt sich daher in endlich vielen Schritten kombinatorisch in w deformieren.

Aus Hilfssatz 4 und dem zuvor Gesagten folgt nun ohne weiteres:

Satz 1. In einer Kugel in der $\mathfrak{S}^3$ wird durch eine Sehne ein eindeutig bestimmter Knoten erzeugt.

2. Semilineare Abbildungen.

Wir benötigen für das Folgende semilineare Abbildungen und stellen die benutzten Sätze hier zusammen[9]. Bezüglich der Formulierung erinnern wir an unsere Vereinbarungen in der Einleitung.

---

[8] Es wird nicht verlangt, daß h Kantenweg der simplizialen Zerlegung $\mathfrak{Z}$ ist. Offenbar existiert ein Weg h, der den angegebenen Bedingungen genügt.

[9] Die Sätze finden sich bei GRAEUB [2].

Die eindeutige Zerlegbarkeit eines Knotens in Primknoten. 9

Eine semilineare Abbildung eines Komplexes K auf einen Komplex K' ist eine topologische, simpliziale Abbildung von K auf K'. Simplizial besagt, daß es eine simpliziale Zerlegung von K gibt, deren Simplexe affin abgebildet werden. Die Bilder dieser Simplexe bilden eine simpliziale Zerlegung von K'.

Im allgemeinen werden wir nur solche semilineare Abbildungen benutzen, die die $\mathfrak{S}^3$ auf sich mit Erhaltung der Orientierung abbilden. Wenn nichts anderes gesagt ist, wollen wir unter einer semilinearen Abbildung stets eine solche verstehen.

S I. Die semilinearen Abbildungen bilden eine Gruppe.

S II. Eine 2-Sphäre zerlegt die $\mathfrak{S}^3$ in 2 Kugeln.

S III. Zu 2 Kugeln in der $\mathfrak{S}^3$ existiert eine semilineare Abbildung, die die eine Kugel auf die andere abbildet. Die Abbildung kann so gewählt werden, daß ein Elementarflächenstück auf dem Rande der einen Kugel ein vorgegebenes Elementarflächenstück auf dem Rande der anderen Kugel als Bild hat.

S IV. Eine Knotenlinie geht durch eine semilineare Abbildung in eine äquivalente über. Umgekehrt existiert zu zwei äquivalenten Knotenlinien stets eine semilineare Abbildung, die die eine in die andere überführt.

S V. Durch eine semilineare Abbildung läßt sich eine Knotenlinie so auf sich abbilden, daß ein vorgegebenes Stück ein anderes vorgegebenes Stück als Bild hat.

S VI. Es sei K ein endlicher Komplex in der $\mathfrak{S}^3$. Im Äußeren des Basissimplexes der $\mathfrak{S}^3$ gebe es einen Punkt, der eine zu K fremde Umgebung besitzt. Dann existiert eine semilineare Abbildung derart, daß das Basissimplex der $\mathfrak{S}^3$ ähnlich auf ein 3-Simplex im Inneren des Basissimplexes abgebildet wird und daß das Bild von K im Inneren des Basissimplexes liegt.

Es sei K_0 ein endlicher simplizialer Komplex im Inneren des Basissimplexes[10] der $\mathfrak{S}^3$. Jeder seiner Ecken P_0^i ($i = 1, 2, 3, \ldots$) werde ein stetiger Weg s^i mit dem Parameter t ($0 \leq t \leq 1$) so zugeordnet, daß dieser Weg die betreffende Ecke als Anfangspunkt hat ($t = 0$) und außerdem ganz im Inneren des Basissimplexes der $\mathfrak{S}^3$ verläuft. Wir verlangen von diesen Wegen nicht, daß sie sich in euklidische Simplexe zerlegen lassen. Es sei P_t^i der Punkt auf dem Wege s^i, der zum Parameterwert t gehört. Da die Wege s^i alle im Basissimplex der $\mathfrak{S}^3$ liegen und dieses konvex ist, hat es

---

[10] Wegen S III und S VI läßt sich ein endlicher Komplex, der nicht die gesamte $\mathfrak{S}^3$ ist, stets in diese Lage bringen.

einen Sinn, von der konvexen Hülle gewisser Punkte $P_t^{i_1}$, $P_t^{i_2}$, ..., $P_t^{i_n}$ zu sprechen. Besitzt ein Simplex von K_0 die Ecken $P_0^{i_1}$, $P_0^{i_2}$, ..., $P_0^{i_n}$, so können wir es affin auf die konvexe Hülle der Punkte $P_t^{i_1}$, $P_t^{i_2}$, ..., $P_t^{i_n}$ so abbilden, daß $P_t^{i_1}$ Bild von $P_0^{i_1}$, $P_t^{i_2}$ Bild von $P_0^{i_2}$ usw. ist. Führt man dies für alle Simplexe von K_0 aus, so erhält man für jeden Wert von t eine simpliziale Abbildung von K_0 in das Basissimplex der $\mathfrak{S}^3$. Die Abbildung für $t = 0$ ist dabei die Identität. Es sei K_t das so erhaltene Bild von K_0, das zum Parameterwert t gehört. Wir sagen, daß K_1 aus K_0 durch **simpliziale Deformation** entsteht. Da die simpliziale Deformation durch die Wege s^i vollkommen bestimmt ist, sprechen wir auch kurz von einer **Verschiebung der Ecken** von K_0. Ist die simpliziale Deformation zudem so beschaffen, daß dabei K_0 topologisch auf jedes $K_t (0 \leq t \leq 1)$ abgebildet wird, so nennen wir sie eine **isotope simpliziale Deformation**. Die Bilder der Simplexe von K_0 bilden dann eine simpliziale Zerlegung von K_1. Mit diesen Bezeichnungen gilt:

S VII. Entstehen die endlichen simplizialen Komplexe K_0 und K_1 im Inneren des Basissimplexes der $\mathfrak{S}^3$ auseinander durch isotope simpliziale Deformation, so existiert eine semilineare Abbildung, bei welcher die Simplexe von K_0 affin auf die entsprechenden Simplexe von K_1 abgebildet werden.

Anmerkung. Für jeden endlichen simplizialen Komplex K im Inneren des Basissimplexes der $\mathfrak{S}^3$ existiert eine Zahl $\varepsilon > 0$ derart, daß jede Verschiebung der Ecken von K um weniger als ε (euklidisch gemessen) eine isotope simpliziale Deformation von K ist.

Über semilineare Abbildungen allgemeiner Art, die nicht Abbildungen der $\mathfrak{S}^3$ auf sich sind, werden wir in 11. folgende Sätze benutzen:

S VIII. Zwei homöomorphe Flächen lassen sich semilinear aufeinander abbilden.

Zusatz 1. Seien e und e' 2 Elementarflächenstücke. Eine semilineare Abbildung des Randes von e auf den Rand von e' läßt sich zu einer semilinearen Abbildung von e auf e' erweitern.

Zusatz 2. Seien r und r' 2 Kreisringe. Eine semilineare Abbildung des einen Randes von r auf einen Rand von r' läßt sich zu einer semilinearen Abbildung von r auf r' erweitern. Unter einem Kreisring verstehen wir dabei eine (orientierbare) Fläche mit 2 Rändern und der Charakteristik Null.

S IX. Seien $\mathfrak{K}$ und $\mathfrak{K}'$ 2 Kugeln in der $\mathfrak{S}^3$. Eine semilineare Abbildung des Randes von $\mathfrak{K}$ auf den Rand von $\mathfrak{K}'$ läßt sich zu einer semilinearen Abbildung von $\mathfrak{K}$ auf $\mathfrak{K}'$ erweitern.

3. Die Bestimmtheit einer Kugel mit Sehne durch einen Knoten.

Wegen S IV hätten wir die Äquivalenz von Knotenlinien auch so definieren können: Zwei Knotenlinien heißen äquivalent, wenn die eine aus der anderen durch eine semilineare Abbildung entsteht. In Analogie dazu nennen wir 2 Kugeln mit Sehne äquivalent, wenn sich die eine durch eine semilineare Abbildung in die andere überführen läßt. S I besagt, daß für diese Definition die Eigenschaften eines Äquivalenzbegriffes erfüllt sind. Aus S IV folgt, daß in äquivalenten Kugeln mit Sehne derselbe Knoten liegt. Umgekehrt sind auch Kugeln mit Sehne, in denen derselbe Knoten liegt, äquivalent. Dies ist der Inhalt des folgenden Hilfssatzes.

Hilfssatz 5. Wird in 2 Kugeln $\mathfrak{K}_1$ und $\mathfrak{K}_2$ in der $\mathfrak{S}^3$ durch die Sehnen u_1 bzw. u_2 derselbe Knoten erzeugt, so existiert eine semilineare Abbildung, die $\mathfrak{K}_1$ so auf $\mathfrak{K}_2$ abbildet, daß u_1 in u_2 und ein vorgegebener Verbindungsweg der Sehnenendpunkte auf dem Rande von $\mathfrak{K}_1$ in einen vorgegebenen solchen Verbindungsweg auf dem Rande von $\mathfrak{K}_2$ übergeführt wird.

Unter einem Verbindungsweg von Sehnenendpunkten verstehen wir dabei und weiterhin stets einen doppelpunktfreien Weg, der so orientiert ist, daß er mit der Sehne eine Knotenlinie bildet. Wird dieser Weg umgekehrt orientiert, so sprechen wir von einem entgegengesetzt orientierten Verbindungsweg.

Wir benutzen ferner den Begriff Komplementärkugel. Ist in der $\mathfrak{S}^3$ eine Kugel $\mathfrak{K}$ gegeben, so bilden nach S II Rand und Äußeres von $\mathfrak{K}$ (Äußeres bezüglich der $\mathfrak{S}^3$) eine Kugel $\overline{\mathfrak{K}}$, die wir die Komplementärkugel von $\mathfrak{K}$ nennen.

Wir erhalten Hilfssatz 5 dadurch, daß wir mehrere Abbildungen zusammensetzen, deren Existenz durch die Sätze in 2. gesichert ist. Wir bringen zunächst die beiden Kugeln mit Sehne auf eine übersichtliche Gestalt, so daß sie dann auf einfache Weise durch isotope simpliziale Deformationen und eine weitere semilineare Abbildung ineinander übergeführt werden können.

Nach S III existiert eine semilineare Abbildung φ_1, die die Komplementärkugel $\overline{\mathfrak{K}}_1$ von $\mathfrak{K}_1$ auf ein 3-Simplex $\overline{\mathfrak{K}}_1'$ abbildet, das im Inneren des Basissimplexes der $\mathfrak{S}^3$ liegt. Wir nennen die Ecken von $\overline{\mathfrak{K}}'_1$ A'_1, B'_1, C'_1, D'_1. Ein vorgegebener Verbindungsweg der Endpunkte von u_1 auf dem Rande von $\overline{\mathfrak{K}}_1$ zerlegt die 2-Sphäre nicht, die den Rand von $\overline{\mathfrak{K}}_1$ bildet. Er läßt sich auf dem Rande von $\overline{\mathfrak{K}}_1$ zu einem geschlossenen, doppelpunktfreien Weg ergänzen. Nach Hilfssatz 2 und S VIII Zusatz 1 läßt sich der Rand von $\overline{\mathfrak{K}}_1$ auf den Rand von $\overline{\mathfrak{K}}'_1$ so abbilden, daß der Verbindungsweg der Endpunkte von u_1 in die Kante $B'_1 A'_1$ von $\overline{\mathfrak{K}}_1$ übergeht. Wegen S II und S IX läßt sich diese Abbildung zu einer semilinearen Abbildung der $\mathfrak{S}^3$ auf sich erweitern. Wir können also φ_1 so wählen, daß A'_1 der Anfangs- und B'_1 der Endpunkt des Bildes u'_1 von u_1 ist und daß außerdem φ_1 einen vorgegebenen Verbindungsweg der Endpunkte von u_1 auf dem Rande von $\overline{\mathfrak{K}}_1$ auf die Kante $B'_1 A'_1$ von $\overline{\mathfrak{K}}'_1$ abbildet. Wegen S VI läßt sich φ_1 noch so wählen, daß u'_1 im Inneren des Basissimplexes der $\mathfrak{S}^3$ liegt.

Da $\overline{\mathfrak{K}}'_1$ und u'_1 (und später $\overline{\mathfrak{K}}'_2$ und u'_2) im Inneren des Basissimplexes der $\mathfrak{S}^3$ liegen und dieses eine dreidimensionale Hyperebene des $\mathfrak{R}^4$ bestimmt, können wir im weiteren deren Metrik zu Hilfe nehmen[11].

$\overline{\mathfrak{K}}'_1$ und eine simpliziale Zerlegung von u'_1 bilden einen endlichen simplizialen Komplex im Inneren des Basissimplexes der $\mathfrak{S}^3$. Durch Unterteilung der Zerlegung von u'_1 und eine isotope simpliziale Deformation, die $\overline{\mathfrak{K}}'_1$ festhält, können wir erreichen, daß das 1-Simplex auf u'_1, das A'_1 zur Ecke hat, in der geradlinigen Verlängerung der Kante $B'_1 A'_1$ liegt. Es läßt sich nämlich im Inneren des Basissimplexes der $\mathfrak{S}^3$ sicher eine euklidische Kugel mit dem Mittelpunkt A'_1 angeben, mit der u'_1 nur ein geradliniges, von A'_1 ausgehendes Stück gemein hat, und die simpliziale Zerlegung von u'_1 kann man so unterteilen, daß auf diesem Stück zwei 1-Simplexe liegen. Man kann dann, ohne $\overline{\mathfrak{K}}'_1$ zu treffen und ohne Doppelpunkte auf u'_1 zu erhalten, die erste A'_1 folgende Ecke der Zerlegung von u'_1 in der Ebene, die durch die Kante $B'_1 A'_1$ und das von A'_1 ausgehende geradlinige Stück von u'_1 bestimmt ist, so verschieben, daß sie auf die Verlängerung von $B'_1 A'_1$ zu liegen kommt. Dies ist eine isotope simpliziale Deformation der gewünschten Art. Entsprechend kann man an der Ecke B'_1 verfahren. Beide isotope simpliziale Deformationen kann man nach S VII durch eine semilineare Abbildung erhalten, die auf $\overline{\mathfrak{K}}'_1$ die Identität ist. Sie setzt sich mit φ_1 zu einer

---

[11] Der Beweis des Hilfssatzes 5 läßt sich ohne diese Hilfe führen. Wir benutzen sie zur Vermeidung von Weitläufigkeiten.

Die eindeutige Zerlegbarkeit eines Knotens in Primknoten. 13

semilinearen Abbildung φ_1' zusammen, die $\overline{\mathfrak{K}}_1$ auf $\overline{\mathfrak{K}}_1'$ und u_1 auf die deformierte Sehne, die wir wieder mit u_1' bezeichnen, abbildet. Da im folgenden weitere isotope simpliziale Deformationen auftreten, behalten wir die eben benutzte simpliziale Zerlegung von u_1' bei und nennen die auf A_1' folgende Ecke E_1', die B_1' vorangehende F_1'. E_1', A_1', B_1', F_1' liegen auf einer Geraden.

Ebenso wie für $\mathfrak{K}_1$ können wir für $\mathfrak{K}_2$ verfahren. φ_2' sei also eine semilineare Abbildung, die die Komplementärkugel $\overline{\mathfrak{K}}_2$ von $\mathfrak{K}_2$ auf ein 3-Simplex $\overline{\mathfrak{K}}_2'$ im Inneren des Basissimplexes der $\mathfrak{S}^3$ abbildet. $\overline{\mathfrak{K}}_2'$ habe die Ecken A_2', B_2', C_2', D_2', und es sei A_2' der Anfangspunkt des Bildes u_2' von u_2, B_2' der Endpunkt. Ferner gehe durch φ_2' ein vorgegebener Verbindungsweg der Sehnenendpunkte auf dem Rande von $\overline{\mathfrak{K}}_2$ in die Kante $B_2'A_2'$ von $\overline{\mathfrak{K}}_2'$ über. u_2' liege im Inneren des Basissimplexes der $\mathfrak{S}^3$. Die auf A_2' folgende Ecke einer gewissen simplizialen Zerlegung von u_2' sei E_2', die B_2' vorangehende F_2', und es sei schließlich φ_2' so beschaffen, daß E_2', A_2', B_2', F_2' auf einer Geraden liegen. Den Mittelpunkt der Kante $B_2'A_2'$ nennen wir G_2'.

u_1' und die Kante $B_1'A_1'$ von $\overline{\mathfrak{K}}_1'$ (mit Orientierung von B_1' nach A_1') bilden eine Knotenlinie k_1, die nach Voraussetzung und S IV zu der von u_2' und der Kante $B_2'A_2'$ gebildeten Knotenlinie k_2 äquivalent ist. Nach S IV existiert eine semilineare Abbildung χ, die k_1 auf k_2 abbildet. Wegen S V können wir χ so wählen, daß dabei die Kante $B_1'A_1'$ auf die Kante $B_2'A_2'$ abgebildet wird. Im allgemeinen wird das Bild von $\overline{\mathfrak{K}}_1'$ bei χ kein 3-Simplex sein. Es existiert aber eine simpliziale Unterteilung von $\overline{\mathfrak{K}}_1'$, deren Simplexe durch χ affin abgebildet werden. Unter den 3-Simplexen dieser Unterteilung gibt es ein solches, auf dem der Urbildpunkt bezüglich χ des Mittelpunktes G_2' von $B_2'A_2'$ liegt, das außerdem eine Kante mit $B_1'A_1'$ und eine zweidimensionale Seite mit der zweidimensionalen Seite $A_1'B_1'C_1'$ von $\overline{\mathfrak{K}}_1'$ gemein hat. Wir nennen dieses 3-Simplex $\overline{\mathfrak{K}}_1''$, sein Bild bezüglich χ nennen wir $\overline{\mathfrak{K}}_2''$. Wir werden durch isotope simpliziale Deformationen, die k_1 bzw. k_2 festlassen, erreichen, daß $\overline{\mathfrak{K}}_1'$ in $\overline{\mathfrak{K}}_1''$ und $\overline{\mathfrak{K}}_2''$ in $\overline{\mathfrak{K}}_2'$ übergeht.

Die Ecken von $\overline{\mathfrak{K}}_1''$ nennen wir A_1'', B_1'', C_1'', D_1'' und zwar so, daß A_1'' und B_1'' auf der Kante $B_1'A_1'$ liegen, wobei A_1'' zwischen B_1'' und A_1' liegt, und daß C_1'' die dritte Ecke auf der Seite $A_1'B_1'C_1'$ von $\overline{\mathfrak{K}}_1'$ ist. Den von $\overline{\mathfrak{K}}_1'$ und der Zerlegung von u_1' gebildeten simplizialen Komplex deformieren wir zunächst dadurch isotop semilinear, daß wir unter Festhalten der übrigen Ecken die Ecke D_1' geradlinig in D_1'' verschieben. Daß diese Deformation tatsächlich isotop ist, d. h., daß dabei keine Überschneidungen auftreten und kein Simplex in eines niederer Dimension entartet, folgt daraus, daß D_2'' auf $\overline{\mathfrak{K}}_1'$ liegt — und zwar nicht auf der Seite $A_1' B_1' C_1'$ — und daß $\overline{\mathfrak{K}}_1'$ konvex ist. Das bei dieser Deformation aus $\overline{\mathfrak{K}}_1'$ entstehende 3-Simplex enthält wegen seiner Konvexität $\overline{\mathfrak{K}}_1''$ als Teilsimplex. Wir können daher die isotope simpliziale Deformation dadurch fortsetzen, daß wir C_1' geradlinig in C_1'' und danach A_1' geradlinig in A_1'' und B_1' geradlinig in B_1'' verschieben und die übrigen Ecken des simplizialen Komplexes jeweils dabei festhalten. Bei den letzten beiden Schritten dieser Deformation werden Ecken auf k_1 verschoben. Da aber die Ecken E_1', A_1', B_1', F_1' auf einer Geraden liegen und die Verschiebung von A_1' und B_1' längs dieser Geraden erfolgt, bleibt k_1 dabei unverändert. Die gesamte angegebene Deformation läßt sich nach S VII durch eine semilineare Abbildung ψ_1 bewirken, die $\overline{\mathfrak{K}}_1'$ affin auf $\overline{\mathfrak{K}}_1''$ und k_1 auf sich abbildet.

Wir müssen noch durch isotope simpliziale Deformation erreichen, daß der von $\overline{\mathfrak{K}}_2'$ und k_2 gebildete Komplex in den von $\overline{\mathfrak{K}}_2''$ und k_2 gebildeten übergeht. Eine simpliziale Zerlegung des ersten Komplexes ist charakterisiert durch die Ecken der Zerlegung von u_2' außer A_2' und B_2' und durch die Ecken von $\overline{\mathfrak{K}}_2''$, die wir entsprechend ihren Urbildern auf $\overline{\mathfrak{K}}_1'$ mit A_2'', B_2'', C_2'', D_2'' bezeichnen. Wir können sicher eine euklidische Kugel mit dem Mittelpunkt G_2' angeben, die ganz im Inneren des Basissimplexes der $\mathfrak{S}^3$ liegt, zu u_2' fremd ist und die Ecken von $\overline{\mathfrak{K}}_2'$ nicht enthält. Da die Ecken A_2'' und B_2'' mit E_2' und F_2' auf einer Geraden liegen und nach Wahl von $\overline{\mathfrak{K}}_1''$ der Punkt G_2' auf der Kante $A_2'' B_2''$ von $\overline{\mathfrak{K}}_2''$ liegt, erhält man eine isotope simpliziale Deformation des von $\overline{\mathfrak{K}}_2''$ und k_2 gebildeten Komplexes in der bezeichneten Zerlegung, wenn man unter Festhalten der übrigen Ecken (auf u_2') $\overline{\mathfrak{K}}_2''$ ähnlich mit dem Ähnlichkeitszentrum G_2' zusammenzieht, bis es ganz in die angegebene euklidische Kugel zu liegen kommt. Da diese Kugel zu u_2' fremd ist, bedeutet es eine weitere isotope simpliziale Deformation, wenn man, unter Festhalten der übrigen Ecken des Komplexes, das 3-Simplex, das aus $\overline{\mathfrak{K}}_2''$ durch Zusammenziehen entstanden ist, um die Gerade $E_2' F_2'$ dreht. Wir drehen es so weit, daß eine seiner zweidimensionalen Seiten auf eine zweidimensionale Seite von $\overline{\mathfrak{K}}_2'$ zu liegen kommt[12] und daß es mit $\overline{\mathfrak{K}}_2'$ innere Punkte gemein hat. Durch weitere isotope simpliziale Deformationen, die k_2 festlassen, läßt

---

[12] Dies ist möglich, da die euklidische Kugel um G_2' keine Ecken von $\overline{\mathfrak{K}}_2'$ enthält.

Die eindeutige Zerlegbarkeit eines Knotens in Primknoten. 15

sich offenbar noch erreichen, daß das gedrehte 3-Simplex in ein Teilsimplex von $\overline{\mathfrak{K}}'_2$ übergeht und dieses schließlich in $\overline{\mathfrak{K}}''_2$. Damit ist $\overline{\mathfrak{K}}''_2$ bei festgehaltenem k_2 durch isotope simpliziale Deformation in $\overline{\mathfrak{K}}'_2$ übergegangen. Nach S VII existiert eine semilineare Abbildung ψ_2, die $\overline{\mathfrak{K}}''_2$ affin auf $\overline{\mathfrak{K}}'_2$ und k_2 auf sich abbildet. Damit sind wir am Ziele. $\varphi'_2{}^{-1} \psi_2 \chi \psi_1 \varphi'_1$ ist eine semilineare Abbildung, die die im Hilfssatz genannten Eigenschaften besitzt.

Wir betrachten noch den Spezialfall, daß die Kugeln $\mathfrak{K}_1$ und $\mathfrak{K}_2$ zusammenfallen und die Sehnen u_1 und u_2 denselben Anfangs- und denselben Endpunkt besitzen. Dann kann im vorangehenden Beweise $\varphi_1 = \varphi'_2$ gewählt werden. Durch $\varphi_1 = \varphi'_2$ geht $\overline{\mathfrak{K}}_1 = \overline{\mathfrak{K}}_2$ in das 3-Simplex $\overline{\mathfrak{K}}'_1 = \overline{\mathfrak{K}}'_2$ über. Die semilineare Abbildung, die sich mit φ_1 zu φ'_1 zusammensetzt, ist auf $\overline{\mathfrak{K}}_1$ die Identität, und durch $\psi_2 \chi \psi_1$ wird $\overline{\mathfrak{K}}'_1$ affin auf sich abgebildet. $\psi_2 \chi \psi_1$ bildet insbesondere die Kante $B'_1 A'_1$ von $\overline{\mathfrak{K}}'_1$ affin auf sich ab und zwar identisch, weil durch $\psi_2 \chi \psi_1$ die Knotenlinie k_1 auf k_2 abgebildet wird und weil k_1 und k_2 auf $B'_1 A'_1$ mit gleicher Orientierung zusammenfallen. Da wir nur orientierungserhaltende Abbildungen benutzen, ist somit die affine Abbildung von $\overline{\mathfrak{K}}'_1$ auf sich, die durch $\psi_2 \chi \psi_1$ bewirkt wird, die Identität, und es wird $\overline{\mathfrak{K}}'_1$ durch $\varphi'_2{}^{-1} \psi_2 \chi \psi_1 \varphi'_1$ identisch auf sich abgebildet. Wir erhalten somit:

Hilfssatz 6. Erzeugen in einer Kugel $\mathfrak{K}$ zwei Sehnen u_1 und u_2 mit gemeinsamen Anfangs- und gemeinsamen Endpunkt denselben Knoten, so existiert eine semilineare Abbildung, die u_1 in u_2 überführt und die auf der Komplementärkugel von $\mathfrak{K}$ die Identität ist.

Man kann nun zu jedem Knoten eine Kugel mit Sehne angeben, die diesen Knoten enthält. Zu einer Knotenlinie, die den vorgelegten Knoten repräsentiert, kann man nämlich sicher ein 3-Simplex angeben, das mit der Knotenlinie genau eine Kante gemein hat[13]. In der Komplementärkugel dieses 3-Simplexes bildet die Knotenlinie eine Sehne (samt Verbindungsweg der Sehnenendpunkte), die den vorgelegten Knoten erzeugt. Damit ergibt sich aus Hilfssatz 5:

Satz 2. Durch einen Knoten wird eine Kugel mit Sehne bis auf Äquivalenz durch semilineare Abbildungen eindeutig bestimmt.

Anmerkung. Wegen S III läßt sich für eine Kugel mit Sehne aus der Gestalt der Kugel allein nichts über den Knoten aussagen, der durch die Sehne erzeugt wird. Das gilt auch für die Gestalt der Sehne allein. Wegen S V kann man nämlich durch eine semilineare

---

[13] Etwa ein 3-Simplex der zweifachen Normalunterteilung einer simplizialen Zerlegung der $\mathfrak{S}^3$, für die die Knotenlinie Kantenweg ist.

Abbildung stets erreichen, daß die Sehne geradlinig wird. Anschaulich gesprochen: Man kann bei einer Kugel mit Sehne die Kugel längs der Sehne so eindrücken, daß die verbleibende Sehne geradlinig ist.

4. Flächen, die in Knotenlinien eingespannt sind.

Bekanntlich lassen sich in eine Knotenlinie orientierbare, singularitätenfreie Flächen einspannen. Einspannen besagt, daß es sich um Flächen mit einem Rand handelt und daß dieser Rand die Knotenlinie ist. Das kleinste Geschlecht aller dieser Flächen ist das Geschlecht des Knotens[14], der durch die Knotenlinie repräsentiert wird. Es ist von der repräsentierenden Knotenlinie unabhängig.

Der Kreis ist der einzige Knoten vom Geschlecht Null. Läßt sich nämlich in eine Knotenlinie ein Elementarflächenstück einspannen[15], so kann man sie wegen der Hilfssätze 1 und 3 kombinatorisch in den Rand eines 2-Simplexes deformieren, das einer simplizialen Zerlegung des eingespannten Elementarflächenstückes angehört und mit der Knotenlinie mindestens eine Kante gemein hat.

Zu einer Knotenlinie, in die eine Fläche eingespannt ist, kann man sicher ein 3-Simplex angeben, das mit der Knotenlinie genau eine Kante und mit der eingespannten Fläche auch nur diese Kante gemein hat[16] (es ist hierbei unwesentlich, ob die eingespannte Fläche orientierbar und singularitätenfrei ist oder nicht). In der Komplementärkugel dieses 3-Simplexes bildet die Knotenlinie eine Sehne (samt Verbindungsweg der Sehnenendpunkte). Die eingespannte Fläche liegt ganz in der Komplementärkugel und ihr Durchschnitt mit dem Rande der Kugel besteht aus einem Verbindungsweg der Sehnenendpunkte, nämlich aus einer Kante des 3-Simplexes.

Liegt eine Kugel mit Sehne vor, so kann man die Sehne durch einen Verbindungsweg ihrer Endpunkte auf dem Kugelrande zu einer Knotenlinie ergänzen. Wir spannen in diese Knotenlinie eine Fläche ein und geben dazu ein 3-Simplex der oben bezeichneten Art an. Die durch die Knotenlinie in der Komplementärkugel dieses 3-Simplexes gebildete Sehne erzeugt in dieser Kugel offenbar

---

[14] SEIFERT [3].

[15] Eine Fläche mit einem Rande und dem Geschlecht Null ist ein Elementarflächenstück.

[16] Etwa ein 3-Simplex der zweifachen Normalunterteilung einer solchen Zerlegung der $\mathfrak{S}^3$, in der die eingespannte Fläche simplizial ist.

Die eindeutige Zerlegbarkeit eines Knotens in Primknoten. 17

denjenigen Knoten, der in der gegebenen Kugel mit Sehne liegt. Nach Hilfssatz 5 kann man durch eine semilineare Abbildung die Komplementärkugel des 3-Simplexes mit Sehne auf die gegebene Kugel mit Sehne abbilden. Die eingespannte Fläche geht dabei in eine solche über, die ganz in der gegebenen Kugel liegt und deren Durchschnitt mit dem Rande dieser Kugel nur aus einem Verbindungsweg der Sehnenendpunkte besteht. Wegen Hilfssatz 5 kann man noch verlangen, daß dieser Verbindungsweg der Sehnenendpunkte ein vorgegebener ist. Für den Fall, daß die eingespannte Fläche orientierbar, singularitätenfrei und von kleinstem Geschlechte ist, ergibt sich insbesondere

Hilfssatz 7. Ergänzt man die Sehne einer Kugel durch einen Verbindungsweg ihrer Endpunkte auf dem Kugelrande zu einer Knotenlinie, so läßt sich in diese eine orientierbare, singularitätenfreie Fläche von kleinstem Geschlechte (dem Geschlechte des Knotens) derart einspannen, daß sie ganz in der Kugel liegt und ihr Durchschnitt mit dem Rande der Kugel nur aus dem angegebenen Verbindungsweg der Sehnenendpunkte besteht.

Kapitel II.
Produktknoten.
5. Das Produkt zweier Knoten.

Wir betrachten eine Knotenlinie k, die den Knoten $\varkappa$ repräsentiert, und eine 2-Sphäre $\Re$, die von k in genau 2 Punkten getroffen und dort durchsetzt wird. Nach S II zerlegt $\Re$ die $\mathfrak{S}^3$ in 2 Kugeln $\Re_1$ und $\Re_2$. k bildet in $\Re_1$ und in $\Re_2$ je eine Sehne u_1 bzw. u_2, und es erzeugt u_1 in $\Re_1$ einen Knoten $\varkappa_1$, u_2 in $\Re_2$ einen Knoten $\varkappa_2$. Wir nennen $\varkappa$ das Produkt der Knoten $\varkappa_1$ und $\varkappa_2$[17]. Wir sagen auch, daß die Kugel $\Re_1$ aus k den Knoten $\varkappa_1$ ausschneidet, und nennen den Knoten $\varkappa_2$ den Restknoten bezüglich $\Re_1$. Die Bezeichnung Produkt rechtfertigt sich dadurch, daß wir unten zeigen, daß zu 2 Knoten genau ein Knoten existiert, der ihr Produkt ist.

Man erhält Repräsentanten von $\varkappa_1$ und $\varkappa_2$, wenn man die Schnittpunkte von k mit $\Re$ durch einen doppelpunktfreien Weg auf $\Re$ verbindet. Für den Repräsentanten von $\varkappa_1$ ist dieser Weg so zu

---

[17] Die Faktoren entsprechen den „Bestandteilen" von Knoten bei REIDEMEISTER [1].

orientieren, daß er mit u_1 eine Knotenlinie bildet, für den Repräsentanten von $\varkappa_2$ entsprechend. Die Repräsentanten von $\varkappa_1$ und $\varkappa_2$ stoßen längs dieses Weges mit entgegengesetzter Orientierung aneinander. Wegen S III kann man annehmen, daß $\mathfrak{K}_1$ ein 3-Simplex ist, das im Inneren des Basissimplexes der $\mathfrak{S}^3$ liegt, und daß der Verbindungsweg der Schnittpunkte von k und $\mathfrak{R}$ ganz auf einer zweidimensionalen Seite dieses 3-Simplexes liegt. Wegen S VI läßt sich ferner annehmen, daß die Sehne u_2 von $\mathfrak{K}_2$ ebenfalls im Inneren des Basissimplexes der $\mathfrak{S}^3$ liegt. Da sich wegen S VII und S IV bei isotoper simplizialer Deformation einer Knotenlinie der von ihr repräsentierte Knoten nicht ändert, kann man aus dem Repräsentanten von $\varkappa_1$ durch eine isotope simpliziale Deformation einen solchen erhalten, der ganz im Inneren von $\mathfrak{K}_1$ liegt, indem man in einer simplizialen Zerlegung des Repräsentanten von $\varkappa_1$ diejenigen Ecken, die auf $\mathfrak{R}$ liegen, beliebig wenig ins Innere von $\mathfrak{K}_1$ verschiebt. Wegen der Gestalt von $\mathfrak{R}$ und der Anmerkung zu S VII ist dies möglich. Entsprechend kann man einen Repräsentanten von $\varkappa_2$ erhalten, der ganz im Inneren von $\mathfrak{K}_2$ liegt. Die Repräsentanten von $\varkappa_1$ und $\varkappa_2$ sind nunmehr unverschlungen in dem Sinne, daß sie durch eine 2-Sphäre (nämlich $\mathfrak{R}$) getrennt werden.

Damit die Bezeichnung Produktknoten sinnvoll ist, müssen wir zeigen, daß 2 Knoten (eventuell unter Berücksichtigung der Reihenfolge) einen Knoten, der ihr Produkt ist, eindeutig bestimmen.

Zunächst existiert zu zwei gegebenen Knoten $\varkappa_1$, $\varkappa_2$ stets ein Knoten, der ihr Produkt ist. Wir gehen aus von einer 2-Sphäre $\mathfrak{R}$, die die $\mathfrak{S}^3$ in die beiden Kugel $\mathfrak{K}_1$ und $\mathfrak{K}_2$ zerlegt. Nach Satz 2 und S III läßt sich zu $\mathfrak{K}_1$ eine Sehne u_1 angeben, die in $\mathfrak{K}_1$ den Knoten $\varkappa_1$ erzeugt. Ihr Anfangspunkt sei A, ihr Endpunkt B. Ebenso läßt sich in $\mathfrak{K}_2$ eine Sehne u_2 angeben, die in $\mathfrak{K}_2$ den Knoten $\varkappa_2$ erzeugt. Nach S III können wir u_2 so wählen, daß B der Anfangs- und A der Endpunkt von u_2 ist. Dann bilden u_1 und u_2 zusammen eine Knotenlinie $k = u_1 u_2$, die Repräsentant des Produktes von $\varkappa_1$ und $\varkappa_2$ ist.

Dieses Produkt ist eindeutig bestimmt. Nehmen wir an, daß sich 2 Knoten $\varkappa$ und λ als Produkt der Knoten $\varkappa_1$ und $\varkappa_2$ darstellen lassen. Das besagt, daß man zu einem beliebigen Repräsentanten[18]

---

[18] Daß der Repräsentant von $\varkappa$ beliebig wählbar ist, folgt aus S IV. Existiert für den Repräsentanten k von $\varkappa$ eine 2-Sphäre mit den angegebenen Eigenschaften, so erhält man aus ihr für einen Repräsentanten k' von $\varkappa$ eine entsprechende 2-Sphäre durch eine semilineare Abbildung, die k auf k' abbildet.

Die eindeutige Zerlegbarkeit eines Knotens in Primknoten. 19

k von $\varkappa$ eine 2-Sphäre $\mathfrak{R}$ derart angeben kann, daß durch sie k in die Sehnen u_1 bzw. u_2 der von $\mathfrak{R}$ berandeten Kugeln $\mathfrak{K}_1$ bzw. $\mathfrak{K}_2$ zerlegt wird und daß u_1 in $\mathfrak{K}_1$ den Knoten $\varkappa_1$, u_2 in $\mathfrak{K}_2$ den Knoten $\varkappa_2$ erzeugt; ferner, daß man entsprechend zu einem Repräsentanten l von λ eine 2-Sphäre $\mathfrak{S}$ derart angeben kann, daß durch sie l in die Sehnen v_1 und v_2 der von $\mathfrak{S}$ berandeten Kugeln $\mathfrak{L}_1$ bzw. $\mathfrak{L}_2$ zerlegt wird und daß v_1 in $\mathfrak{L}_1$ ebenfalls den Knoten $\varkappa_1$, v_2 in $\mathfrak{L}_2$ ebenfalls den Knoten $\varkappa_2$ erzeugt. Da $\mathfrak{K}_1$ und $\mathfrak{L}_1$ denselben Knoten enthalten, kann man nach Hilfssatz 5 $\mathfrak{L}_1$ durch eine semilineare Abbildung φ_1 so auf $\mathfrak{K}_1$ abbilden, daß dabei v_1 in u_1 übergeht. Bei dieser Abbildung wird $\mathfrak{L}_2$ auf $\mathfrak{K}_2$ abgebildet, und es geht v_2 in eine Sehne v'_2 von $\mathfrak{K}_2$ über, die denselben Anfangs- und denselben Endpunkt wie u_2 hat. u_2 und v'_2 erzeugen in $\mathfrak{K}_2$ denselben Knoten $\varkappa_2$. Nach Hilfssatz 6 existiert eine semilineare Abbildung φ_2, die v'_2 in u_2 überführt und auf der Komplementärkugel $\mathfrak{K}_1$ von $\mathfrak{K}_2$ die Identität ist. Durch $\varphi_2 \varphi_1$ wird also l auf k abgebildet, und wegen S IV ist daher $\varkappa = \lambda$. Wir erhalten somit

Satz 3'. Zu 2 Knoten existiert genau 1 Knoten, der ihr Produkt ist.

6. Kugelsehne und Produkt zweier Knoten.

Erzeugt eine Sehne in einer Kugel einen Knoten, der als Produkt zweier Faktoren dargestellt werden kann, so erhebt sich die Frage, wie diese Faktoren für die Sehne in Evidenz gesetzt werden können. Dies ist Gegenstand der beiden folgenden Hilfssätze.

Wir betrachten zunächst eine Kugel $\mathfrak{K}$ mit der Sehne u, die in $\mathfrak{K}$ den Knoten $\varkappa$ erzeugt. $\mathfrak{K}_1$ sei eine Kugel, die im Inneren von $\mathfrak{K}$ liegt und deren Rand von u in genau 2 Punkten getroffen und dort durchsetzt wird. Der in $\mathfrak{K}_1$ liegende Teil von u bildet eine Sehne von $\mathfrak{K}_1$. Sie möge in $\mathfrak{K}_1$ den Knoten $\varkappa_1$ erzeugen. Wir sagen, daß **die Kugel $\mathfrak{K}_1$ aus der Sehne u von $\mathfrak{K}$ den Knoten $\varkappa_1$ ausschneidet.** Ergänzt man die Sehne von $\mathfrak{K}_1$ durch einen Verbindungsweg ihrer Endpunkte auf dem Rande von $\mathfrak{K}_1$ zu einer Knotenlinie, so bildet der entgegengesetzt orientierte Verbindungsweg mit den beiden im Äußeren von $\mathfrak{K}_1$ liegenden Stücken von u eine Sehne von $\mathfrak{K}$, die wir eine Restsehne bezüglich $\mathfrak{K}_1$ nennen. Sie erzeuge in $\mathfrak{K}$ den Knoten $\varkappa_2$. Je nach Wahl des Verbindungsweges auf dem Rande von $\mathfrak{K}_1$ erhält man verschiedene Restsehnen. Nach Hilfssatz 4 erzeugen jedoch alle Restsehnen, die man auf diese Weise erhält, in $\mathfrak{K}$ denselben Knoten. Die Restsehnen von $\mathfrak{K}$ bezüglich $\mathfrak{K}_1$ sind also gleichwertig.

6*

Der Knoten $\varkappa$ ist das Produkt der Knoten $\varkappa_1$ und $\varkappa_2$. Dies ergibt sich, wenn man u auf dem Rande von $\mathfrak{K}$ zu einer Knotenlinie ergänzt. Man erhält dabei gleichzeitig aus einer Restsehne bezüglich $\mathfrak{K}_1$ eine Knotenlinie, die den Knoten $\varkappa_2$ repräsentiert. Diese zweite Knotenlinie bildet in der Komplementärkugel von $\mathfrak{K}_1$ eine Sehne (samt Verbindungsweg der Sehnenendpunkte auf dem Kugelrande), die den Knoten $\varkappa_2$ erzeugt. Diese Sehne bildet aber mit der Sehne von $\mathfrak{K}_1$ gerade die zuerst angegebene Knotenlinie, die den Knoten $\varkappa$ repräsentiert. Damit ist $\varkappa$ als Produkt der Knoten $\varkappa_1$ und $\varkappa_2$ dargestellt. Es gilt also:

In einer Kugel $\mathfrak{K}$ erzeuge eine Sehne u den Knoten $\varkappa$. Eine im Inneren von $\mathfrak{K}$ liegende Kugel $\mathfrak{K}_1$ schneide aus u den Knoten $\varkappa_1$ aus. Die Restsehnen bezüglich $\mathfrak{K}_1$ mögen in $\mathfrak{K}$ den Knoten $\varkappa_2$ erzeugen. Alsdann ist $\varkappa$ das Produkt der Knoten $\varkappa_1$ und $\varkappa_2$.

Dies ist die Umkehrung des folgenden Hilfssatzes 8.

Hilfssatz 8. In einer Kugel $\mathfrak{K}$ erzeuge eine Sehne u den Knoten $\varkappa$, der das Produkt der Knoten $\varkappa_1$ und $\varkappa_2$ ist. Es existiert eine im Inneren von $\mathfrak{K}$ liegende Kugel $\mathfrak{K}_1$ derart, daß sie aus u den Knoten $\varkappa_1$ ausschneidet und daß die Restsehnen bezüglich $\mathfrak{K}_1$ in $\mathfrak{K}$ den Knoten $\varkappa_2$ erzeugen.

Zum Beweise gehen wir von einem Repräsentanten k von $\varkappa$ aus. Zu k gibt es eine 2-Sphäre $\mathfrak{R}$ derart, daß durch sie k in die Sehnen u_1 bzw. u_2 der von $\mathfrak{R}$ berandeten Kugeln $\mathfrak{K}_1'$ bzw. $\mathfrak{K}_2'$ zerlegt wird und daß u_1 in $\mathfrak{K}_1'$ den Knoten $\varkappa_1$, u_2 in $\mathfrak{K}_2'$ den Knoten $\varkappa_2$ erzeugt. Es läßt sich nun sicher ein 3-Simplex angeben, das mit u_2 genau eine Kante gemein hat und $\mathfrak{R}$ nicht trifft, das also im Inneren von $\mathfrak{K}_2'$ liegt. Aus der Komplementärkugel dieses 3-Simplexes und k erhält man eine Kugel mit Sehne (samt Verbindungsweg der Sehnenendpunkte auf dem Kugelrande), die den Knoten $\varkappa$ enthält. Nach Hilfssatz 5 läßt sie sich durch eine semilineare Abbildung so auf $\mathfrak{K}$ abbilden, daß ihre Sehne in u übergeht. $\mathfrak{K}_1'$ geht dabei in eine Kugel $\mathfrak{K}_1$ über, die offenbar die angegebenen Eigenschaften besitzt.

Auf ähnliche Weise erhält man

Hilfssatz 9. In einer Kugel $\mathfrak{K}$ erzeuge eine Sehne u den Knoten $\varkappa$, der das Produkt der Knoten $\varkappa_1$ und $\varkappa_2$ ist. $\mathfrak{K}$ läßt sich durch ein Elementarflächenstück e, das von u in genau einem Punkte getroffen und dort durchsetzt wird, so in 2 Kugeln $\mathfrak{K}_1$ und $\mathfrak{K}_2$ zerlegen, daß die in $\mathfrak{K}_1$ bzw. $\mathfrak{K}_2$ liegenden Stücke von u als Sehnen in $\mathfrak{K}_1$ bzw. $\mathfrak{K}_2$ die Knoten $\varkappa_1$ bzw. $\varkappa_2$ erzeugen.

Die eindeutige Zerlegbarkeit eines Knotens in Primknoten. 21

Zum Beweise sei wieder die Knotenlinie k ein Repräsentant von $\varkappa$ und $\Re$ eine 2-Sphäre, die k in die Sehnen u_1 bzw. u_2 der von ihr berandeten Kugeln $\Re_1'$ und $\Re_2'$ derart zerlegt, daß u_1 in $\Re_1'$ den Knoten $\varkappa_1$, u_2 in $\Re_2'$ den Knoten $\varkappa_2$ erzeugt. Wegen S III können wir annehmen, daß $\Re_1'$ ein 3-Simplex im Inneren des Basissimplexes der $\mathfrak{S}^3$ ist und daß die beiden Schnittpunkte von k mit $\Re$ — wir nennen sie A und B — mittlere Punkte zweidimensionaler Seiten von $\Re_1'$ sind. Wir können dann auf $\Re$ zwei Punkte C und D so wählen, daß A, C, D auf derselben zweidimensionalen Seite von $\Re_1'$ liegen und Ecken eines (auf dieser Seite liegenden) 2-Simplexes sind, das den Punkt B nicht enthält. Es läßt sich offenbar ferner ein Punkt E auf u_1 so nahe bei A wählen, daß u_1 zwischen A und E geradlinig verläuft und daß der Projektionskegel von E nach dem 2-Simplex ACD mit u_1 nur den Projektionsstrahl EA gemein hat. Wegen der Konvexität von $\Re_1'$ trifft dieser Projektionskegel $\Re$ nur auf dem 2-Simplex ACD. Entsprechend zu E läßt sich auf u_2 ein Punkt F wählen. Man erhält damit eine Doppelpyramide $EACDF$, die mit k die Kanten EA und AF gemein hat und deren Durchschnitt mit $\Re$ aus dem 2-Simplex ACD besteht. $\Re''$ sei die Komplementärkugel dieser Doppelpyramide. In $\Re''$ bildet k (ohne den Kantenzug EA, AF) eine Sehne u'', die in $\Re''$ den Knoten $\varkappa$ erzeugt. Schneidet man aus $\Re$ das 2-Simplex ACD aus, so erhält man ein Elementarflächenstück e'', das von u'' in genau einem Punkte (nämlich B) getroffen und dort durchsetzt wird. e'' zerlegt $\Re''$ in die beiden Kugeln $\Re_1''$ und $\Re_2''$, die von e'' und den Pyramidenseiten ACE, CDE, DAE bzw. von e'' und den Pyramidenseiten ACF, CDF, DAF berandet werden.

Das in $\Re_1''$ liegende Stück von u'' (das ist u_1 ohne die Kante EA der Doppelpyramide) ist eine Sehne von $\Re_1''$, die in $\Re_1''$ den Knoten $\varkappa_1$ erzeugt. Verbindet man nämlich A und B durch einen doppelpunktfreien Weg auf e'', so bildet dieser Weg bei geeigneter Orientierung mit der Sehne u_1 von $\Re_1'$ eine Knotenlinie, die den Knoten $\varkappa_1$ repräsentiert. Da das Stück EA von u_1 auf dem Rande von $\Re_1''$ liegt, ergibt sich, daß diese Knotenlinie gleichzeitig den Knoten repräsentiert, der von dem in $\Re_1''$ liegenden Stück von u'' in $\Re_1''$ erzeugt wird. Entsprechendes gilt für das in $\Re_2''$ liegende Stück von u''.

Man erhält Hilfssatz 9, wenn man durch eine semilineare Abbildung $\Re''$ so auf $\Re$ abbildet, daß dabei u'' in u übergeht. Das Bild von e'' ist dann ein Elementarflächenstück e, das die verlangten Eigenschaften besitzt.

Umkehrung von Hilfssatz 9. Eine Kugel $\mathfrak{K}$, in der eine Sehne u den Knoten $\varkappa$ erzeugt, werde von einem Elementarflächenstück $\mathfrak{e}$, das von u in genau einem Punkte getroffen und dort durchsetzt wird, in 2 Kugeln $\mathfrak{K}_1$ und $\mathfrak{K}_2$ zerlegt. Die in $\mathfrak{K}_1$ bzw. $\mathfrak{K}_2$ liegenden Stücke von u mögen in $\mathfrak{K}_1$ bzw. $\mathfrak{K}_2$ als Sehnen die Knoten $\varkappa_1$ bzw. $\varkappa_2$ erzeugen. Alsdann ist $\varkappa$ das Produkt der Knoten $\varkappa_1$ und $\varkappa_2$.

Da $\mathfrak{K}$ durch das Elementarflächenstück $\mathfrak{e}$ in 2 Kugeln zerlegt wird, besteht der Durchschnitt von $\mathfrak{e}$ und dem Rande von $\mathfrak{K}$ nur aus dem Rande von $\mathfrak{e}$, und dieser bildet auf dem Rande von $\mathfrak{K}$ einen geschlossenen, doppelpunktfreien Weg s. Nach Hilfssatz 2 zerlegt s den Rand von $\mathfrak{K}$ in 2 Elementarflächenstücke $\mathfrak{f}_1$ und $\mathfrak{f}_2$, wobei $\mathfrak{f}_1$ zum Rande von $\mathfrak{K}_1$, $\mathfrak{f}_2$ zum Rande von $\mathfrak{K}_2$ gehören möge. Da $\mathfrak{e}$ von u in nur einem Punkte geschnitten wird, liegt einer der Endpunkte von u — wir nennen ihn A — auf $\mathfrak{f}_1$, der andere — B — auf $\mathfrak{f}_2$. u sei etwa von A nach B orientiert. Wegen S III können wir durch eine semilineare Abbildung erreichen, daß $\mathfrak{K}$ auf ein 3-Simplex im Inneren des Basissimplexes der $\mathfrak{S}^3$ so abgebildet wird, daß $\mathfrak{f}_2$ in eine zweidimensionale Seite dieses 3-Simplexes übergeht. Falls $\mathfrak{K}$ noch nicht so beschaffen ist, führen wir diese Abbildung aus und behalten die bisherigen Bezeichnungen bei (Abb. 3).

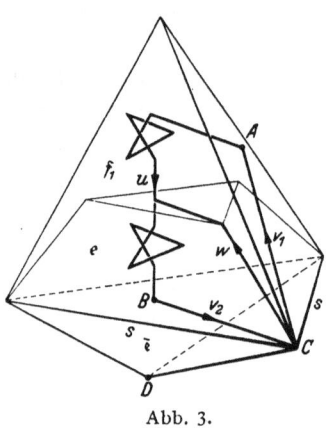

Abb. 3.

Wir wählen auf s einen beliebigen Punkt C und verbinden ihn mit A durch einen doppelpunktfreien, von C nach A orientierten Weg v_1, der ganz auf $\mathfrak{f}_1$ verläuft und mit s nur den Punkt C gemein hat. Entsprechend verbinden wir B mit C auf $\mathfrak{f}_2$ durch einen Weg v_2 (mit Orientierung von B nach C). Dann ist $u v_2 v_1$ eine Knotenlinie, die den Knoten $\varkappa$ repräsentiert. Man erhält einen Repräsentanten von $\varkappa_2$, wenn man noch C durch einen doppelpunktfreien Weg w auf $\mathfrak{e}$ mit dem Schnittpunkt von u und $\mathfrak{e}$ verbindet (mit Orientierung von C zum Schnittpunkt). Das in $\mathfrak{K}_2$ liegende Stück von u bildet dann mit v_2 und w eine Knotenlinie, die den Knoten $\varkappa_2$ repräsentiert. Wir können nun im Äußeren von $\mathfrak{K}$, aber im Inneren des Basissimplexes der $\mathfrak{S}^3$, einen Punkt D offenbar so wählen, daß die Projektionsstrahlen von D nach den Punkten von s, den Rand

Die eindeutige Zerlegbarkeit eines Knotens in Primknoten. 23

von $\mathfrak{K}$ nur auf s treffen. Projiziert man s von D aus, so erhält man ein Elementarflächenstück $\bar{e}$ mit dem Rande s, und es besteht sein Durchschnitt mit $\mathfrak{K}$ gerade aus s gemäß Wahl von D. Da e in $\mathfrak{K}$ liegt und ebenfalls den Rand s hat, besteht der Durchschnitt von e und $\bar{e}$ gerade aus s, und es bilden e und $\bar{e}$ zusammen eine 2-Sphäre. Diese berandet eine Kugel $\mathfrak{K}'_2$, die $\mathfrak{K}_2$ umfaßt. Das in $\mathfrak{K}_2$ liegende Stück von u bildet mit v_2 eine Sehne von $\mathfrak{K}'_2$, die in $\mathfrak{K}'_2$ den Knoten $\varkappa_2$ erzeugt, wie man erkennt, wenn man die Sehne von $\mathfrak{K}'_2$ durch w zur Knotenlinie ergänzt. Da $\mathfrak{K}$ von e zerlegt wird und $\mathfrak{K}_2$ Teilkugel von $\mathfrak{K}'_2$ ist, liegt $\mathfrak{K}_1$ in der Komplementärkugel von $\mathfrak{K}'_2$. Das in $\mathfrak{K}_1$ liegende Stück von u und v_1 bilden in dieser Komplementärkugel eine Sehne, die den Knoten $\varkappa_1$ erzeugt, wie man erkennt, wenn man die Sehne durch w^{-1} zur Knotenlinie ergänzt. Damit sind für den Repräsentanten $u v_2 v_1$ von $\varkappa$ die beiden Faktoren $\varkappa_1$ und $\varkappa_2$ in Evidenz gesetzt.

7. Produkte von mehreren Knoten.

Wir haben in 5. gezeigt, daß zu zwei vorgegebenen Knoten stets ein Knoten existiert, der ihr Produkt ist. Auf dieselbe Weise lassen sich Knotenpunkte von mehr als zwei vorgegebenen Faktoren herstellen, indem man zunächst den Produktknoten aus zwei der vorgegebenen Faktoren bildet, danach aus diesem und einem weiteren vorgegebenen Faktor das Produkt usw. Es erhebt sich die Frage, ob auch jetzt der Produktknoten eindeutig bestimmt ist, d. h. unabhängig von der Reihenfolge ist, in der man die Faktoren zusammensetzt. Aus Satz 3' geht hervor, daß die Produktbildung kommutativ ist. Damit sich Satz 3' auf mehr als 2 Faktoren überträgt, ist zu zeigen, daß die Produktbildung assoziativ ist. Dies geschieht mittels Hilfssatz 8.

Wir gehen aus von drei vorgegebenen Knoten $\varkappa_1$, $\varkappa_2$ und $\varkappa_3$, bilden aus $\varkappa_1$ und $\varkappa_2$ den Produktknoten $\varkappa$ und aus $\varkappa$ und $\varkappa_3$ den Produktknoten μ. Zu einem Repräsentanten m von μ gibt es eine 2-Sphäre $\mathfrak{R}$, die m in die Sehnen u bzw. v der von $\mathfrak{R}$ berandeten Kugeln $\mathfrak{K}$ bzw. $\mathfrak{L}$ derart zerlegt, daß u in $\mathfrak{K}$ den Knoten $\varkappa$, v in $\mathfrak{L}$ den Knoten $\varkappa_3$ erzeugt. Nach Hilfssatz 8 existiert im Inneren von $\mathfrak{K}$ eine Kugel $\mathfrak{K}_1$ derart, daß sie aus u den Knoten $\varkappa_1$ ausschneidet und daß die Restsehnen bezüglich $\mathfrak{K}_1$ in $\mathfrak{K}$ den Knoten $\varkappa_2$ erzeugen. Eine solche Restsehne bildet mit v eine Knotenlinie, die das Produkt λ der Knoten $\varkappa_2$ und $\varkappa_3$ repräsentiert. Die Faktoren werden durch $\mathfrak{R}$ in Evidenz gesetzt. Diese Knotenlinie bildet in der

Komplementärkugel von $\mathfrak{K}_1$ eine Sehne (samt Verbindungsweg der Sehnenendpunkte auf dem Kugelrande). Diese Sehne ist gerade das in der Komplementärkugel von $\mathfrak{K}_1$ liegende Stück von m, und sie erzeugt in dieser Komplementärkugel den Knoten $\lambda = \varkappa_2 \varkappa_3$. Da das in $\mathfrak{K}_1$ liegende Stück von m in $\mathfrak{K}_1$ den Knoten $\varkappa_1$ erzeugt, erkennt man, daß m Repräsentant des Produktes von $\varkappa_1$ und $\lambda = \varkappa_2 \varkappa_3$ ist. Andrerseits ist m Repräsentant des Produktes μ von $\varkappa = \varkappa_1 \varkappa_2$ und $\varkappa_3$. Die Produktbildung ist also assoziativ.

Aus Kommutativität und Assoziativität folgt die Eindeutigkeit des Produktes für beliebig viele Faktoren. Satz 3' verallgemeinert sich also zu

Satz 3. Zu endlich vielen vorgegebenen Knoten existiert genau ein Knoten, der ihr Produkt ist.

8. Das Geschlecht des Produktknotens.

Nachdem durch Satz 3 Existenz und Eindeutigkeit des Produktes von Knoten festgestellt sind, wird es sich im weiteren darum handeln, einen Knoten in Faktoren zu zerlegen. Eine wesentliche Hilfe ist dabei das Geschlecht der Knoten. Es gilt

Satz 4. Das Geschlecht eines Produktknotens ist gleich der Summe der Geschlechter seiner Faktoren.

Es reicht aus, diesen Satz für Produkte aus 2 Faktoren zu beweisen. Der Beweis erfolgt in 2 Teilen. Im ersten wird gezeigt, daß das Geschlecht des Produktes von 2 Knoten höchstens gleich der Summe der Geschlechter seiner Faktoren ist, im zweiten, daß sein Geschlecht mindestens gleich dieser Summe ist. Aus beidem folgt der Satz.

1. Wir benutzen die wiederholt angeführte Darstellung eines Produktknotens $\varkappa$ aus den Faktoren $\varkappa_1$ und $\varkappa_2$. Eine 2-Sphäre $\mathfrak{R}$ zerlege die $\mathfrak{S}^3$ in die beiden Kugeln $\mathfrak{K}_1$ und $\mathfrak{K}_2$ derart, daß ein Repräsentant k von $\varkappa$ in 2 Sehnen u_1 und u_2 von $\mathfrak{K}_1$ bzw. $\mathfrak{K}_2$ zerlegt wird und daß u_1 in $\mathfrak{K}_1$ den Knoten $\varkappa_1$, u_2 in $\mathfrak{K}_2$ den Knoten $\varkappa_2$ erzeugt. Wir ergänzen die Sehne u_1 von $\mathfrak{K}_1$ durch einen Verbindungsweg v ihrer Endpunkte auf $\mathfrak{R}$ zu einer Knotenlinie. $u_1 v$ ist dann ein Repräsentant von $\varkappa_1$, $u_2 v^{-1}$ ein Repräsentant von $\varkappa_2$. Wir spannen nun in den Repräsentanten von $\varkappa_1$ eine orientierbare, singularitätenfreie Fläche $\mathfrak{f}_1$ von kleinstem Geschlechte hin. Nach Hilfssatz 7 können wir $\mathfrak{f}_1$ so wählen, daß $\mathfrak{f}_1$ in $\mathfrak{K}_1$ liegt und der Durchschnitt von $\mathfrak{R}$ und $\mathfrak{f}_1$ nur aus v besteht. Entsprechend spannen

Die eindeutige Zerlegbarkeit eines Knotens in Primknoten.

wir in den Repräsentanten von $\varkappa_2$ eine orientierbare, singularitätenfreie Fläche $\mathfrak{f}_2$ von kleinstem Geschlechte ein. $\mathfrak{f}_1$ und $\mathfrak{f}_2$ lassen sich so orientieren, daß die auf dem Rande induzierte Orientierung die Orientierung der Knotenlinien $u_1 v$ bzw. $u_2 v^{-1}$ ist. Da $\mathfrak{f}_1$ und $\mathfrak{f}_2$ nur längs v aneinanderstoßen und sich sonst nicht treffen, setzen sie sich zu einer orientierten, singularitätenfreien Fläche $\mathfrak{f}$ zusammen, die in k eingespannt ist. Das Geschlecht von $\mathfrak{f}$ ist die Summe der Geschlechter von $\mathfrak{f}_1$ und $\mathfrak{f}_2$[19], und das Geschlecht von $\varkappa$ ist höchstens gleich dem Geschlechte von $\mathfrak{f}$. Da die Geschlechter von $\mathfrak{f}_1$ und $\mathfrak{f}_2$ gemäß Wahl von $\mathfrak{f}_1$ und $\mathfrak{f}_2$ gleich den Geschlechtern von $\varkappa_1$ bzw. $\varkappa_2$ sind, ergibt sich, daß das Geschlecht von $\varkappa$ höchstens gleich der Summe der Geschlechter von $\varkappa_1$ und $\varkappa_2$ ist.

2. $\mathfrak{R}$, $\mathfrak{R}_1$, $\mathfrak{R}_2$, k, u_1, u_2 sollen dieselbe Bedeutung wie unter 1. haben. Wir können annehmen, daß $\mathfrak{R}_1$ ein 3-Simplex im Inneren des Basissimplexes der $\mathfrak{S}^3$ ist und daß die Schnittpunkte von k mit $\mathfrak{R}$ — wir nennen sie A und B — mittlere Punkte zweidimensionaler Seiten von $\mathfrak{R}_1$ sind. Wir können ferner annehmen, daß k im Inneren des Basissimplexes der $\mathfrak{S}^3$ liegt (wegen S VI) und daß $\mathfrak{R}$ von k in A und B geradlinig durchsetzt wird. Sollte das letzte nämlich noch nicht der Fall sein, so läßt sich dies durch eine isotope simpliziale Deformation ähnlich wie im Beweise von Hilfssatz 5 erreichen. Wir spannen nun in k eine orientierbare, singularitätenfreie Fläche $\mathfrak{f}$ von kleinstem Geschlechte ein. Wegen S VI können wir annehmen, daß $\mathfrak{f}$ im Inneren des Basissimplexes der $\mathfrak{S}^3$ liegt.

Wir werden die in k eingespannte, orientierbare, singularitätenfreie Fläche $\mathfrak{f}$ durch eine solche von gleichem Geschlecht ersetzen, deren Durchschnitt mit $\mathfrak{R}$ nur aus einem doppelpunktfreien Verbindungsweg v der Punkte A und B besteht. v zerlegt dann diese Fläche in eine Fläche $\mathfrak{f}_1$, die in $\mathfrak{R}_1$ liegt, und in eine Fläche $\mathfrak{f}_2$, die in $\mathfrak{R}_2$ liegt. $\mathfrak{f}_1$ und $\mathfrak{f}_2$ sind orientierbar und singularitätenfrei, und sie sind in die Repräsentanten von $\varkappa_1$ bzw. $\varkappa_2$ eingespannt, die man erhält, wenn man u_1 bzw. u_2 durch v (mit geeigneter Orientierung) zu Knotenlinien ergänzt. Die Geschlechter von $\mathfrak{f}_1$ und $\mathfrak{f}_2$ sind daher mindestens die von $\varkappa_1$ und $\varkappa_2$. Ihre Summe ist das Geschlecht von $\mathfrak{f}$ und damit von $\varkappa$ gemäß Wahl von $\mathfrak{f}$. Das Geschlecht von $\varkappa$ ist also mindestens gleich der Summe der Geschlechter von $\varkappa_1$ und $\varkappa_2$.

Es bleibt zu zeigen, daß man $\mathfrak{f}$ durch eine Fläche der angegebenen Art ersetzen kann. Wir führen dies aus, indem wir $\mathfrak{f}$

---

[19] Dies folgt ohne weiteres, wenn man das Geschlecht auf Ränderzahl und Charakteristik der Flächen zurückführt.

schrittweise abändern. Die entstehenden Flächen bezeichnen wir der Einfachheit halber wieder mit $\mathfrak{f}$.

1. Schritt. Durch isotope simpliziale Deformation von $\mathfrak{f}$ läßt sich erreichen, daß der Durchschnitt von $\mathfrak{f}$ und $\mathfrak{R}$ nur aus doppelpunktfreien, geschlossenen Schnittlinien und einer einzigen A und B verbindenden, doppelpunktfreien Schnittlinie v besteht. Doppelpunktfrei soll dabei zugleich besagen, daß sich die Schnittlinien gegenseitig nicht treffen.

Es sei $\mathfrak{Z}$ eine simpliziale Zerlegung von $\mathfrak{f}$, die so beschaffen ist, daß der Durchschnitt eines 2-Simplexes von $\mathfrak{Z}$ mit k entweder leer ist oder aus nur einer Ecke oder nur einer Kante besteht. Eine solche Zerlegung läßt sich durch Unterteilung einer beliebigen simplizialen Zerlegung von $\mathfrak{f}$ erhalten. Nach der Anmerkung zu S VII existiert eine Zahl $\varepsilon > 0$ derart, daß eine Verschiebung der Ecken von $\mathfrak{Z}$ um weniger als ε eine isotope simpliziale Deformation von $\mathfrak{f}$ ist.

Zunächst läßt sich erreichen, daß A und B nicht Ecken der Zerlegung von $\mathfrak{f}$ sind. Fällt nämlich eine Ecke von $\mathfrak{Z}$ mit A zusammen, so kann man diese Ecke um weniger als ε längs k verschieben, während man alle übrigen Ecken festhält. Da wir angenommen haben, daß $\mathfrak{R}$ von k in A und B geradlinig durchsetzt wird, geht bei dieser Verschiebung k in sich über. Entsprechendes gilt für B.

Wir betrachten nun die Ecken derjenigen Simplexe von $\mathfrak{Z}$, die nicht punktfremd zu $\mathfrak{R}$ sind, mit Ausnahme der Ecken, die auf k liegen. Durch Verschieben dieser Ecken um weniger als ε läßt sich erreichen, daß erstens keine Ecke von $\mathfrak{Z}$ auf $\mathfrak{R}$ liegt, zweitens keine Ecke des 3-Simplexes $\mathfrak{K}_1$ auf $\mathfrak{f}$ liegt und drittens kein 1-Simplex von $\mathfrak{Z}$ eine Kante von $\mathfrak{K}_1$ trifft. Daß dies möglich ist, folgt aus der Wahl von $\mathfrak{Z}$ und daraus, daß die Ecken und 1-Simplexe auf k die erste und dritte unserer Forderungen bereits erfüllen. Bei dem Verschieben der Ecken bleibt k fest, da Ecken auf k nicht verschoben werden.

Man erkennt nun leicht, daß jeder Punkt des Durchschnittes von $\mathfrak{f}$ und $\mathfrak{R}$ auf genau einer Schnittlinie von $\mathfrak{f}$ und $\mathfrak{R}$ liegt. Zum Beispiel besitzt A als mittlerer Punkt einer zweidimensionalen Seite von $\mathfrak{K}_1$ auf $\mathfrak{R}$ eine ebene Umgebung, und es besitzt A auch auf $\mathfrak{f}$ eine ebene Umgebung, da A auf dem Rande k von $\mathfrak{f}$ liegt und nicht Ecke von $\mathfrak{Z}$ ist. Da zudem $\mathfrak{R}$ von k in A durchsetzt wird, geht von A genau eine Schnittlinie v von $\mathfrak{f}$ und $\mathfrak{R}$ aus. Die Schnittlinie v muß auf dem Rande von $\mathfrak{f}$, also in B, enden, und es geht keine weitere Schnittlinie von B aus. Die übrigen Schnittlinien von $\mathfrak{R}$

Die eindeutige Zerlegbarkeit eines Knotens in Primknoten. 27

und $\mathfrak{f}$ treffen den Rand k von $\mathfrak{f}$ nicht, sie sind also geschlossen. Da jeder Punkt des Durchschnittes von $\mathfrak{R}$ und $\mathfrak{f}$ auf genau einer Schnittlinie liegt, sind die Schnittlinien doppelpunktfrei (und treffen sich auch nicht gegenseitig). Damit ist das Ziel des ersten Schrittes erreicht.

2. Schritt. Die geschlossenen Schnittlinien werden zum Verschwinden gebracht.

Nach Hilfssatz 2 wird $\mathfrak{R}$ durch jede geschlossene Schnittlinie in 2 Elementarflächenstücke zerlegt. Da nur endlich viele Schnittlinien auftreten können und sich die Schnittlinien gegenseitig nicht treffen, gibt es unter den geschlossenen mindestens eine solche, die auf $\mathfrak{R}$ ein Elementarflächenstück e berandet, das keine weitere Schnittlinie enthält.

Wenn diese Schnittlinie $\mathfrak{f}$ zerlegt (und dies ist der Fall, wie sich anschließend ergeben wird), so hat k mit einem der beiden Teile, in die $\mathfrak{f}$ zerlegt wird, nichts gemein, da k die Schnittlinie nicht trifft. Ersetzt man diesen Teil von $\mathfrak{f}$ durch e, so erhält man offenbar wieder eine singularitätenfreie, orientierbare Fläche, die in k eingespannt ist. Da e ein Elementarflächenstück ist, kann sich das Geschlecht von $\mathfrak{f}$ dabei nicht vergrößert haben. Da $\mathfrak{f}$ aber schon vorher von kleinstem Geschlechte war, hat es sich auch nicht verkleinert, d. h., die Schnittlinie hatte aus $\mathfrak{f}$ ein Elementarflächenstück ausgeschnitten. Nachdem das abgeschnittene Stück durch e ersetzt ist, zerlegen wir $\mathfrak{f}$ wieder simplizial. Durch Verschieben der auf e liegenden Ecken von $\mathfrak{f}$ ins Innere oder Äußere von $\mathfrak{K}_1$, je nachdem auf welcher Seite von $\mathfrak{R}$ die an e angrenzenden 2-Simplexe von $\mathfrak{f}$ liegen, läßt sich erreichen, daß e als Elementarflächenstück auf $\mathfrak{R}$ mit $\mathfrak{f}$ nichts mehr gemein hat. Die Schnittlinie ist damit verschwunden. Die Verschiebung der Ecken läßt sich so vornehmen, daß keine neuen Schnittlinien entstehen. Es sind gleichzeitig alle Schnittlinien verschwunden, die auf demjenigen Stück von $\mathfrak{f}$ lagen, das durch e ersetzt wurde.

Der Fall, daß die Schnittlinie $\mathfrak{f}$ nicht zerlegt, kann nicht eintreten. Man könnte sonst $\mathfrak{f}$ längs dieser Schnittlinie aufschneiden und erhielte damit 2 Löcher in $\mathfrak{f}$ (der Schnitt ist zweiufrig). Man könnte dann zunächst eines der beiden Löcher durch e schließen, etwa dasjenige, zu dem man kommt, wenn man auf $\mathfrak{f}$ im Inneren von $\mathfrak{K}_1$ an die Schnittlinie herangeht. Danach könnte man die auf e liegenden Ecken einer gewissen simplizialen Zerlegung der so erhaltenen Fläche ins Innere von $\mathfrak{K}_1$ verschieben (die Ecken, die auf den Rändern der Löcher liegen, sind dabei je einmal den beiden Rändern zuzuordnen, also doppelt zu nehmen). Anschließend kann man das andere Loch durch e schließen. Man erhielte damit eine in k eingespannte, orientierbare, singularitätenfreie Fläche, die von (um 1) kleinerem Geschlecht als die vorherige wäre, gegen die Voraussetzung, daß die ursprünglich eingespannte Fläche von kleinstem Geschlecht sein sollte. Tatsächlich muß also die Schnittlinie $\mathfrak{f}$ zerlegen und kann, wie oben beschrieben, zum Verschwinden gebracht werden.

Auf die verbleibenden geschlossenen Schnittlinien kann man der Reihe nach dieselben Schlüsse anwenden. Es lassen sich also alle zum Verschwinden bringen, und man erhält schließlich eine in k eingespannte, orientierbare, singularitätenfreie Fläche, deren Durchschnitt mit $\mathfrak{R}$ nur noch aus einer doppelpunktfreien, A und B verbindenden Schnittlinie v besteht. Dies war zu zeigen.

9. Kreis und Primknoten.

Für die Produkte von Knoten ist der Kreis Einselement und zwar das einzige. Es gilt:

Satz 5. Ist in einem Produkt von 2 Knoten ein Faktor der Kreis, so ist der Produktknoten gleich dem anderen Faktor und umgekehrt.

Zum Beweise sei $\varkappa$ das Produkt der Knoten $\varkappa_1$ und $\varkappa_2$, wobei $\varkappa_1$ der Kreis ist. Wie bereits mehrfach benutzt, sei $\mathfrak{R}$ eine 2-Sphäre, die die $\mathfrak{S}^3$ in die beiden Kugeln $\mathfrak{K}_1$ und $\mathfrak{K}_2$ derart zerlegt, daß ein Repräsentant k von $\varkappa$ in die beiden Sehnen u_1 und u_2 von $\mathfrak{K}_1$ bzw. $\mathfrak{K}_2$ zerlegt wird und daß u_1 in $\mathfrak{K}_1$ den Knoten $\varkappa_1$ und u_2 in $\mathfrak{K}_2$ den Knoten $\varkappa_2$ erzeugt. Wir ergänzen die Sehne u_1 von $\mathfrak{K}_1$ durch einen Verbindungsweg v ihrer Endpunkte auf $\mathfrak{R}$ zu einer Knotenlinie. Man erhält damit eine Kreislinie, in die man, da der Kreis das Geschlecht Null hat, ein Elementarflächenstück einspannen kann. Nach Hilfssatz 7 kann man das Elementarflächenstück so einspannen, daß es in $\mathfrak{K}_1$ liegt und daß sein Durchschnitt mit $\mathfrak{R}$ gerade aus v besteht. Nach Hilfssatz 1 kann man durch kombinatorische Deformationen u_1 bei festgehaltenen Endpunkten auf diesem Elementarflächenstück in v^{-1} deformieren. Da u_2 mit dem eingespannten Elementarflächenstück nur die Endpunkte gemein hat und diese bei den kombinatorischen Deformationen festbleiben, wird damit gleichzeitig die Knotenlinie k kombinatorisch in die Knotenlinie $u_2 v^{-1}$ deformiert. Diese Knotenlinie repräsentiert aber den

Knoten $\varkappa_2$, woraus die Gleichheit von $\varkappa$ und $\varkappa_2$ folgt. Damit ist der erste Teil des Satzes bewiesen. Die Umkehrung folgt aus Satz 4, da der Kreis der einzige Knoten vom Geschlecht Null ist.

Wir wollen im weiteren sagen, daß **eine Kugel einen durch einen Repräsentanten gegebenen Knoten zerlegt**, wenn sie aus dem Repräsentanten einen Knoten ausschneidet, der kein Kreis ist, und wenn außerdem der Restknoten bezüglich dieser Kugel kein Kreis ist (Bezeichnungen von 5.).

Offenbar kann man jeden Knoten als ein Produkt zweier Knoten darstellen, in dem ein Faktor der Kreis ist. Einen Knoten, der auf keine andere Weise als Produkt zweier Knoten darstellbar ist und der selbst kein Kreis ist, nennen wir Primknoten. Da der Kreis der einzige Knoten vom Geschlecht Null ist, folgt aus Satz 4 unmittelbar

Satz 6. Jeder Knoten vom Geschlecht 1 ist Primknoten.

Da Knoten vom Geschlecht 1 existieren, z. B. die beiden Kleeblattschlingen, ist damit gleichzeitig die Existenz von Primknoten gesichert.

Aus Satz 4 folgt ferner, daß der Kreis nur als Produkt von Kreisen dargestellt werden kann. Im Sinne unseres Produktes existiert also zu keinem Knoten ein inverser.

Wir haben Primknoten mittels Produkten von nur 2 Faktoren definiert. Ist ein Primknoten als Produkt von mehreren Faktoren dargestellt, so ist wegen Satz 4 mindestens ein Faktor kein Kreis. Bildet man nun zunächst das Produkt aus den übrigen Faktoren und danach das Produkt aus diesem und dem bezeichneten Faktor, so ergibt sich aus der Definition der Primknoten, daß das Produkt der übrigen Faktoren der Kreis ist. Nach dem zuvor Bemerkten sind dann alle diese Faktoren Kreise. Wird also ein Primknoten als Produkt von Knoten dargestellt, so sind stets alle Faktoren bis auf einen Kreise.

Kapitel III.
Die Zerlegung eines Knotens in Primknoten.
10. Zerlegende Systeme von Kugeln.

Aus den Definitionen von Primknoten und Produktknoten und aus Satz 4 ergibt sich, daß jeder Knoten, der nicht Primknoten oder Kreis ist, als Produkt von Primknoten dargestellt werden kann. Ist nämlich ein Knoten $\varkappa$ nicht Primknoten oder Kreis, so kann er als Produkt zweier vom Kreise verschiedener Knoten $\varkappa_1$ und $\varkappa_2$ dargestellt werden. Ist nun $\varkappa_1$ nicht Primknoten, so läßt sich $\varkappa_1$ als Produkt zweier vom Kreise verschiedener Knoten $\varkappa_{11}$ und $\varkappa_{12}$ darstellen, und es ist dann $\varkappa = \varkappa_1 \varkappa_2 = \varkappa_{11} \varkappa_{12} \varkappa_2$. Für $\varkappa_2$ läßt sich entsprechend schließen und ebenso für jeden Faktor von $\varkappa$, den man auf diese Weise erhält und der noch nicht Primknoten ist. Jeder der so erhaltenen Faktoren ist vom Kreise verschieden, hat also mindestens das Geschlecht 1. Wegen Satz 4 muß daher dieser Zerlegungsprozeß für $\varkappa$ abbrechen, und man erhält schließlich eine Darstellung von $\varkappa$ als Produkt von Primknoten.

Die Hilfssätze 8 und 9 gestatten es, für einen Repräsentanten k des Knotens $\varkappa$ eine solche Faktorzerlegung in Evidenz zu setzen. Es ist dabei unwesentlich, daß die Faktoren Primknoten sind. Sei $\varkappa$ etwa das Produkt der Knoten $\varkappa_1, \varkappa_2, \ldots, \varkappa_n$. Bezeichnen wir das Produkt der Knoten $\varkappa_2, \varkappa_3, \ldots, \varkappa_n$ mit $\bar\varkappa_1$, so ist $\varkappa = \varkappa_1 \bar\varkappa_1$. Zu einem Repräsentanten k von $\varkappa$ existiert dann eine Zerlegung der $\mathfrak{S}^3$ in 2 Kugeln $\mathfrak{K}_1$ und $\bar{\mathfrak{K}}_1$ derart, daß k in $\mathfrak{K}_1$ und in $\bar{\mathfrak{K}}_1$ je eine Sehne u_1 bzw. $\bar u_1$ bildet und daß u_1 in $\mathfrak{K}_1$ den Knoten $\varkappa_1$, $\bar u_1$ in $\bar{\mathfrak{K}}_1$ den Knoten $\bar\varkappa_1$ erzeugt. Falls $n > 2$ ist, läßt sich $\bar\varkappa_1$ als das Produkt der Knoten $\varkappa_2$ und $\bar\varkappa_2 = \varkappa_3 \ldots \varkappa_n$ darstellen. Nach Hilfssatz 9 läßt sich die Kugel $\bar{\mathfrak{K}}_1$ mit der Sehne $\bar u_1$ durch ein Elementarflächenstück so in 2 Kugeln $\mathfrak{K}_2$ und $\bar{\mathfrak{K}}_2$ zerlegen, daß durch dieses Elementarflächenstück $\bar u_1$ in 2 Sehnen u_2 und $\bar u_2$ von $\mathfrak{K}_2$ bzw. $\bar{\mathfrak{K}}_2$ zerlegt wird und daß die Sehne u_2 in $\mathfrak{K}_2$ den Knoten $\varkappa_2$, die Sehne $\bar u_2$ in $\bar{\mathfrak{K}}_2$ den Knoten $\bar\varkappa_2$ erzeugt. Falls $n > 3$ ist, läßt sich entsprechend $\bar\varkappa_2$ als Produkt zweier Knoten $\varkappa_3$ und $\bar\varkappa_3$ auffassen und die Kugel $\bar{\mathfrak{K}}_2$ durch ein Elementarflächenstück so in 2 Kugeln $\mathfrak{K}_3$ und $\bar{\mathfrak{K}}_3$ zerlegen, daß dabei die Sehne $\bar u_2$ von $\bar{\mathfrak{K}}_2$ in 2 Sehnen u_3 und $\bar u_3$ von $\mathfrak{K}_3$ bzw. $\bar{\mathfrak{K}}_3$ zerlegt wird und u_3 in $\mathfrak{K}_3$ den Knoten $\varkappa_3$, $\bar u_3$ in $\bar{\mathfrak{K}}_3$ den Knoten $\bar\varkappa_3$ erzeugt. So kann man fortfahren, bis man schließlich die $\mathfrak{S}^3$ in n Kugeln $\mathfrak{K}_1, \mathfrak{K}_2, \ldots,$ $\mathfrak{K}_n = \bar{\mathfrak{K}}_{n-1}$ derart zerlegt hat, daß erstens je zwei dieser Kugeln keine inneren Punkte gemein haben, daß zweitens k den Rand jeder Kugel in genau 2 Punkten trifft und dort durchsetzt und daß drittens das in einer solchen Kugel $\mathfrak{K}_i$ ($i = 1, 2, \ldots, n$) liegende Stück von k in dieser Kugel als Sehne den Knoten $\varkappa_i$ erzeugt. Damit sind die Faktoren von $\varkappa$ in Evidenz gesetzt.

Die vorliegende Darstellung hat noch den Nachteil, daß die Ränder der Kugeln $\mathfrak{K}_1, \mathfrak{K}_2, \ldots, \mathfrak{K}_n$ stückweise zusammenfallen. Nun läßt sich aber wegen Satz 5 jeder Knoten als Produkt aus sich selbst und dem Kreise darstellen. Berücksichtigt man dies, so läßt

Die eindeutige Zerlegbarkeit eines Knotens in Primknoten. 31

sich nach Hilfssatz 8 im Inneren jeder der Kugeln $\mathfrak{K}_i (i = 1, 2, \ldots, n)$ eine Kugel $\mathfrak{K}'_i$ so angeben, daß sie aus der Sehne u_i von $\mathfrak{K}_i$ den Knoten $\varkappa_i$ ausschneidet und daß die Restsehnen von $\mathfrak{K}_i$ bezüglich $\mathfrak{K}'_i$ in $\mathfrak{K}_i$ den Kreis erzeugen. Man erhält damit ein System paarweise punktfremder Kugeln $\mathfrak{K}'_1, \mathfrak{K}'_2, \ldots, \mathfrak{K}'_n$, die aus k die Knoten $\varkappa_1$ bzw. $\varkappa_2, \ldots, \varkappa_n$ ausschneiden.

Wir nennen ein System paarweise punktfremder Kugeln, das so beschaffen ist, daß jede Kugel aus dem Repräsentanten k eines Knotens $\varkappa$ einen **Primknoten** ausschneidet und daß $\varkappa$ das Produkt der ausgeschnittenen Primknoten ist, ein **zerlegendes System von Kugeln für den Repräsentanten k des Knotens $\varkappa$**. Aus dem Vorangehenden ergibt sich, daß es für jede Zerlegung des Knotens $\varkappa$ in ein Produkt von Primknoten ein zerlegendes System von Kugeln für den Repräsentanten k von $\varkappa$ gibt.

Wir haben in 9. bemerkt, daß der Kreis nur als Produkt von Kreisen und somit nicht als Produkt von Primknoten dargestellt werden kann. Für eine Kreislinie existiert also kein zerlegendes System von Kugeln.

Da man jeden Knoten als Produkt aus sich selbst und dem Kreise darstellen kann, existiert für eine Knotenlinie, die einen Primknoten repräsentiert, eine Kugel, die aus der Knotenlinie diesen Primknoten ausschneidet, wobei der Restknoten der Kreis ist. Läßt man Produkte mit nur einem Faktor zu, so kann diese Kugel als ein zerlegendes System von Kugeln aufgefaßt werden, das aus nur einer Kugel besteht. Da in einem Produkt von Knoten, das einen Primknoten darstellt, alle Faktoren bis auf einen Kreise sind (9.), ist es nicht möglich, für den Repräsentanten eines Primknotens ein zerlegendes System von Kugeln anzugeben, das aus mehr als einer Kugel besteht.

Liegt zu einer Knotenlinie k ein System paarweise punktfremder Kugeln vor, das so beschaffen ist, daß jede dieser Kugeln aus k einen Knoten ausschneidet, so erhält man aus k wieder eine Knotenlinie, wenn man für jede Kugel des Systems die Sehne durch einen entgegengesetzt orientierten Verbindungsweg ihrer Endpunkte auf dem Kugelrande ersetzt. Der Knoten, der von der so entstehenden Knotenlinie repräsentiert wird, ist wegen Hilfssatz 4 von der Wahl dieser Verbindungswege auf den Kugelrändern unabhängig. Wir nennen ihn den **Restknoten** bezüglich des angegebenen Systems von Kugeln. Mit dieser Bezeichnung gilt

Hilfssatz 10. Bilden die Kugeln $\mathfrak{K}_1$, $\mathfrak{K}_2$, ..., $\mathfrak{K}_n$ ein zerlegendes System von Kugeln für die Knotenlinie k, so ist der Restknoten bezüglich dieses Systems der Kreis. Ist umgekehrt ein System paarweise punktfremder Kugeln $\mathfrak{K}_1$, $\mathfrak{K}_2$, ..., $\mathfrak{K}_n$ so beschaffen, daß jede dieser Kugeln aus der Knotenlinie k einen Primknoten ausschneidet und daß der Restknoten bezüglich dieses Systems der Kreis ist, so bilden diese Kugeln ein zerlegendes System von Kugeln für k.

Zum Beweise sei $\varkappa$ der von k repräsentierte Knoten, $\varkappa_0$ sei der Restknoten bezüglich des zerlegenden Systems von Kugeln, und die von $\mathfrak{K}_1$ bzw. $\mathfrak{K}_2$, ..., $\mathfrak{K}_n$ aus k ausgeschnittenen Knoten seien $\varkappa_1$ bzw. $\varkappa_2$, ..., $\varkappa_n$. Wir gehen aus von einem Repräsentanten des Restknotens, den man auf die oben angegebene Weise erhalten hat. Diese Knotenlinie bildet in der Komplementärkugel von $\mathfrak{K}_1$ eine Sehne (samt Verbindungsweg der Sehnenendpunkte auf dem Kugelrande). Die Sehne erzeugt in dieser Komplementärkugel den Knoten $\varkappa_0$. Sie bildet zusammen mit der Sehne von $\mathfrak{K}_1$ eine Knotenlinie, die das Produkt von $\varkappa_0$ und $\varkappa_1$ repräsentiert. Diese letzte Knotenlinie bildet nun in der Komplementärkugel von $\mathfrak{K}_2$ eine Sehne, die das Produkt von $\varkappa_0$ und $\varkappa_1$ in der Komplementärkugel von $\mathfrak{K}_2$ erzeugt, und diese Sehne bildet zusammen mit der Sehne von $\mathfrak{K}_2$ eine Knotenlinie, die das Produkt von $\varkappa_0$, $\varkappa_1$ und $\varkappa_2$ repräsentiert. So kann man weiter schließen, bis man schließlich die Knotenlinie k erhält. Es ergibt sich dabei, daß $\varkappa$ das Produkt der Knoten $\varkappa_0$, $\varkappa_1$, $\varkappa_2$, ..., $\varkappa_n$ ist. Da andererseits die Kugeln $\mathfrak{K}_1$, $\mathfrak{K}_2$, ..., $\mathfrak{K}_n$ ein zerlegendes System bilden, ist $\varkappa$ das Produkt der Knoten $\varkappa_1$, $\varkappa_2$, ..., $\varkappa_n$. Aus Satz 4 folgt nun, daß $\varkappa_0$ das Geschlecht Null haben muß, also der Kreis ist. Damit ist der erste Teil des Hilfssatzes bewiesen. Die Umkehrung ergibt sich durch eine entsprechende Schlußweise unter Benutzung von Satz 5.

Aus Hilfssatz 10 folgt

Hilfssatz 11. Schneidet eine Kugel $\mathfrak{K}$ aus dem Repräsentanten k eines Knotens $\varkappa$ einen Knoten aus und ist sie punktfremd zu allen Kugeln eines zerlegenden Systems von k, so enthält sie den Kreis.

Da nämlich $\mathfrak{K}$ punktfremd ist zu allen Kugeln des zerlegenden Systems, kann man, ohne die von k in $\mathfrak{K}$ gebildete Sehne zu ändern, für jede Kugel des zerlegenden Systems die Sehne durch einen entgegengesetzt orientierten Verbindungsweg ihrer Endpunkte auf dem Kugelrande ersetzen. Nach Hilfssatz 10 erhält man dabei aus k eine Kreislinie, und es schneidet $\mathfrak{K}$ aus ihr denselben Knoten aus wie aus k, also den Kreis.

Die eindeutige Zerlegbarkeit eines Knotens in Primknoten. 33

Da wir gefordert hatten, daß jede Kugel eines zerlegenden Systems einen Primknoten und somit keinen Kreis enthält, besagt Hilfssatz 11, daß ein zerlegendes System von Kugeln vollständig ist.

11. Ein Hilfssatz über zerlegende Systeme von Kugeln.

Durch eine semilineare Abbildung, die einen Repräsentanten k' des Knotens $\varkappa$ auf einen Repräsentanten k abbildet, geht ein zerlegendes System von Kugeln für k' in ein solches für k über. Es reicht daher hin, zerlegende Systeme von Kugeln für nur einen Repräsentanten eines Knotens zu betrachten. Da nach Satz 3 ein Produktknoten durch die Abgabe der Faktoren bereits eindeutig bestimmt ist, nennen wir zwei zerlegende Systeme von Kugeln für denselben Repräsentanten eines Knotens äquivalent, wenn beide diesen Knoten in dieselben Primknoten zerlegen, d. h.: ein Primknoten, der mit einer gewissen Vielfachheit in dem einen System als Faktor auftritt, tritt ebenso oft in dem anderen System auf.

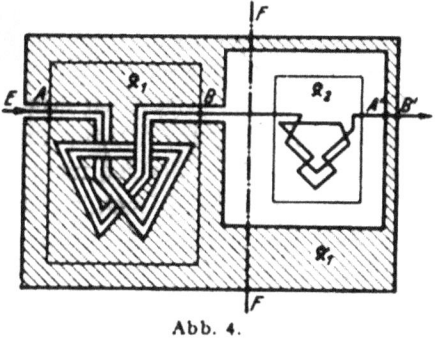

Abb. 4.

Die Eigenschaften eines Äquivalenzbegriffes sind für diese Definition offenbar erfüllt. Dieser Äquivalenzbegriff ist von anderer Art als derjenige der Knotenlinien. Wegen S IV ist die Äquivalenz von Knotenlinien eine Äquivalenz in bezug auf die Gruppe der semilinearen Abbildungen. Es gibt aber äquivalente zerlegende Systeme von Kugeln, die nicht auseinander durch semilineare Abbildung entstehen können, beispielsweise wenn man, anschaulich gesprochen, die Kugeln eines solchen Systems mit ihren Sehnen permutiert und danach die so entstehende Knotenlinie durch eine semilineare Abbildung auf die ursprüngliche abbildet. Wir geben dafür ein Beispiel.

In Abb. 4 ist ein Stück einer Knotenlinie gezeichnet. Die Kugeln $\mathfrak{K}_1$ und $\mathfrak{K}_2$ eines zerlegenden Systems K sind schematisch durch Rechtecke angedeutet. Auf dem nicht gezeichneten Teil der Knotenlinie mögen sich weitere Kugeln von K befinden. Ferner liegt für die Knotenlinie ein zweites zerlegendes System von Kugeln K' vor. Die Systeme K und K' stimmen in der Kugel $\mathfrak{K}_2$ und in den nicht gezeichneten Kugeln von K überein, sie unterscheiden sich voneinander nur in den Kugeln $\mathfrak{K}_1$ und $\mathfrak{K}'_1$. Die Kugel $\mathfrak{K}'_1$ von K' ist in der Abbildung schematisch gezeichnet. Das Innere ist durch Schraffur angedeutet. Anschaulich gesprochen ist $\mathfrak{K}'_1$ von E aus längs der Knotenlinie angebohrt[21]. Die Bohrung folgt der in $\mathfrak{K}_1$ liegenden Sehne, die in $\mathfrak{K}_1$ eine Kleeblattschlinge erzeugt. Danach erweitert sich die Bohrung zu einem Hohlraum, in dem die Kugel $\mathfrak{K}_2$ liegt. Die Knotenlinie durchsetzt $\mathfrak{K}'_1$ mit dem Stück zwischen A' und B' und bildet somit in $\mathfrak{K}'_1$ eine geradlinige Sehne. Diese Sehne erzeugt in $\mathfrak{K}'_1$ dieselbe Kleeblattschlinge, die in $\mathfrak{K}_1$ liegt. Man erkennt dies, wenn man die Sehne von $\mathfrak{K}'_1$ auf dem Rande von $\mathfrak{K}'_1$ zur Knotenlinie ergänzt. Führt man für die Kugeln von K und K' eine Reihenfolge ein, indem man der Knotenlinie von E ausgehend folgt und anmerkt, welche Kugeln von K bzw. K' die Knotenlinie der Reihe nach durchsetzt, so erhält man für die Kugeln von K die Reihenfolge $\mathfrak{K}_1, \mathfrak{K}_2, \ldots$, für die Kugeln von K' die Reihenfolge $\mathfrak{K}'_2 = \mathfrak{K}_2, \mathfrak{K}'_1, \ldots$. Es ist nicht möglich, durch eine topologische Abbildung der $\mathfrak{S}^3$ auf sich, welche die Knotenlinie auf sich abbildet, die Kugeln von K in die Kugeln von K' überzuführen, da sich bei einer topologischen Abbildung die Reihenfolge, in der die Knotenlinie die Kugeln durchsetzt, nicht ändert. Zerschneidet man die Kugel $\mathfrak{K}'_1$ längs der Ebene FF und ersetzt man den rechts des Schnittes liegenden Teil von $\mathfrak{K}'_1$ durch eine Platte, die derjenigen entspricht, die die Sehne $A'B'$ enthält, so erhält man aus $\mathfrak{K}'_1$ eine Kugel, die denselben Knoten wie $\mathfrak{K}'_1$ enthält, und somit aus K' ein äquivalentes zerlegendes System, in dem die Kugeln die gleiche Reihenfolge wie in K besitzen. Ein solcher Prozeß wird im Beweise des folgenden Hilfssatzes auftreten (unter Fall 2b). Wir werden jedoch von diesen anschaulichen Betrachtungen keinen Gebrauch machen.

Im nächsten Paragraphen soll gezeigt werden, daß je zwei zerlegende Systeme von Kugeln für dieselbe Knotenlinie äquivalent sind. Als Vorbereitung beweisen wir

Hilfssatz 12. Es sei k der Repräsentant eines Knotens $\varkappa$. K sei ein System paarweise punktfremder Kugeln, das so beschaffen ist, daß jede Kugel aus k einen Knoten ausschneidet. Es sei ferner L ein zerlegendes System von Kugeln für k. Dann existiert ein zu L äquivalentes zerlegendes System von Kugeln L' derart, daß die Ränder der Kugeln von L' punktfremd sind zu den Rändern der Kugeln von K.

---
[20] Vgl. Anmerkung zu Satz 2 (3.).

Die eindeutige Zerlegbarkeit eines Knotens in Primknoten.

Der Beweis dieses Hilfssatzes verläuft in einer gewissen Analogie zu dem Beweise von Satz 4. Zunächst wird durch isotope simpliziale Deformation erreicht, daß der Durchschnitt der Ränder der Kugeln von L mit den Rändern der Kugeln von K nur aus doppelpunktfreien, geschlossenen Schnittlinien besteht. Danach werden wir von dem System L schrittweise zu dem System L' übergehen, indem wir jeweils eine Kugel des Systems durch eine andere ersetzen, die aus der Knotenlinie k denselben Primknoten ausschneidet und die zu den übrigen Kugeln des Systems punktfremd ist. Zwei zerlegende Systeme, die auf diese Weise auseinander entstehen, sind äquivalent. Daraus ergibt sich die Äquivalenz von L und L'. Der Einfachheit halber bezeichnen wir die nacheinander aus L entstehenden Systeme wieder mit L und ihre Kugeln ebenso wie die Kugeln des ursprünglichen Systems L.

A. Man kann zunächst erreichen, daß der Durchschnitt der Ränder der Kugeln von L mit den Rändern der Kugeln von K nur aus doppelpunktfreien, geschlossenen Schnittlinien besteht, die k nicht treffen. Doppelpunktfrei soll dabei besagen, daß sich die Schnittlinien auch nicht gegenseitig treffen.

Wegen S III und S VI kann man durch eine semilineare Abbildung erreichen, daß eine der Kugeln von K, wir nennen sie $\mathfrak{K}$, ein 3-Simplex im Inneren des Basissimplexes der $\mathfrak{S}^3$ ist, daß die Schnittpunkte von k mit dem Rande von $\mathfrak{K}$ mittlere Punkte zweidimensionaler Seiten von $\mathfrak{K}$ sind und daß k und die Ränder aller Kugeln von K und L im Inneren des Basissimplexes der $\mathfrak{S}^3$ liegen. Falls k den Rand von $\mathfrak{K}$ noch nicht geradlinig durchsetzt, könnte man dies durch eine isotope simpliziale Deformation erreichen. Wegen S VII kann man jedoch annehmen, daß die oben bezeichnete semilineare Abbildung k so abbildet, daß dies der Fall ist.

Wir zerlegen nun den von k und den Rändern der Kugeln von L gebildeten Komplex simplizial und zwar so fein, daß jedes Simplex der Zerlegung, das mit dem Rande von $\mathfrak{K}$ einen nichtleeren Durchschnitt besitzt, einen leeren Durchschnitt hat mit allen denjenigen Simplexen, die einen nichtleeren Durchschnitt mit den Rändern der übrigen Kugeln von K besitzen[21]. Entsprechend dem ersten Schritt im Teil 2 des Beweises von Satz 4 kann man nun durch isotope simpliziale Deformation des betrachteten simplizialen Komplexes erreichen, daß die Schnittpunkte von k mit dem Rande von $\mathfrak{K}$ auf keinem der Ränder der Kugeln von L liegen und daß

---

[21] Dies ist möglich, da die Kugeln von K zueinander punktfremd sind.

der Durchschnitt des Randes von $\mathfrak{K}$ mit den Rändern der Kugeln von L nur aus doppelpunktfreien, geschlossenen Schnittlinien besteht. Diese isotope simpliziale Deformation wird so vorgenommen, daß k dabei in sich übergeht. Dies ist möglich, weil k den Rand von $\mathfrak{K}$ geradlinig durchsetzt und außer Ecken, die in die Schnittpunkte von k mit dem Rande von $\mathfrak{K}$ fallen, nur solche Ecken verschoben zu werden brauchen, die nicht auf k liegen und Ecken von Simplexen sind, die mit dem Rande von $\mathfrak{K}$ einen nichtleeren Durchschnitt haben. Wegen der Wahl der benutzten simplizialen Zerlegung läßt sich die Deformation zudem so vornehmen, daß sich der Durchschnitt der Ränder der Kugeln von L mit den Rändern der von $\mathfrak{K}$ verschiedenen Kugeln von K nicht ändert. Verfährt man so der Reihe nach für alle Kugeln von K, so erhält man schließlich die oben angegebene Lage der Ränder der Kugeln von L zu den Rändern der Kugeln von K. Wegen S VII ändern sich die Knoten, die die Kugeln von L aus k ausschneiden, bei isotoper simplizialer Deformation nicht. Da bei der Deformation k in sich übergeht, ändern sich auch nicht die Knoten, die die Kugeln von K ausschneiden.

B. Wir betrachten nun eine Kugel $\mathfrak{K}$ des Systems K. Wir können wieder annehmen, daß $\mathfrak{K}$ ein 3-Simplex im Inneren des Basissimplexes der $\mathfrak{S}^3$ ist, daß die Schnittpunkte von k mit dem Rande $\mathfrak{R}$ von $\mathfrak{K}$ auf zweidimensionalen Seiten von $\mathfrak{K}$ liegen und daß k den Rand $\mathfrak{R}$ von $\mathfrak{K}$ geradlinig durchsetzt. Außerdem können wir noch annehmen, daß k und die Ränder aller Kugeln von L im Inneren des Basissimplexes der $\mathfrak{S}^3$ liegen. Wir werden zeigen, daß man L so ändern kann, daß die Schnittlinien auf dem Rande von $\mathfrak{K}$ verschwinden, ohne daß auf den Rändern der übrigen Kugeln von K neue Schnittlinien entstehen. Man erhält die Behauptung des Hilfssatzes, wenn man dieses Verfahren der Reihe nach auf alle Kugeln von K anwendet.

Auf dem Rande $\mathfrak{R}$ von $\mathfrak{K}$ liegen sicher nur endlich viele Schnittlinien. Nach Hilfssatz 2 zerlegt jede $\mathfrak{R}$ in 2 Elementarflächenstücke. Es gibt daher mindestens eine solche Schnittlinie, die auf $\mathfrak{R}$ ein Elementarflächenstück e berandet, das keine weitere Schnittlinie enthält. Da $\mathfrak{R}$ von k in genau 2 Punkten geschnitten wird und kein Schnittpunkt auf einer Schnittlinie liegt, liegen auf e kein, 1 oder 2 Schnittpunkte von k mit $\mathfrak{R}$. Wir können jedoch den Fall, daß auf e zwei Schnittpunkte liegen, ausschließen. Enthält nämlich e 2 Schnittpunkte, so berandet die Schnittlinie, die e berandet, auf

Die eindeutige Zerlegbarkeit eines Knotens in Primknoten.

$\Re$ gleichzeitig ein Elementarflächenstück $\bar{e}$, das keinen Schnittpunkt enthält, und alle anderen Schnittlinien liegen auf $\bar{e}$, da sich die Schnittlinien gegenseitig nicht treffen. Mindestens eine Schnittlinie berandet auf $\bar{e}$ ein Elementarflächenstück e' (möglicherweise $\bar{e}$ selbst, nämlich wenn nur eine Schnittlinie auf $\Re$ liegt), das keine weitere Schnittlinie und keinen Schnittpunkt von k mit $\Re$ enthält. Wir können dann e' anstatt e betrachten. Es muß also nur gezeigt werden, daß man auf $\Re$ jede Schnittlinie zum Verschwinden bringen kann, die auf $\Re$ ein solches Elementarflächenstück berandet, das einen oder keinen Schnittpunkt von k mit $\Re$ und keine weitere Schnittlinie enthält. Dann lassen sich der Reihe nach alle Schnittlinien auf $\Re$ beseitigen.

Es sei jetzt e ein solches Elementarflächenstück auf $\Re$. Sein Rand ist eine Schnittlinie von $\Re$ mit dem Rande $\mathfrak{S}$ einer Kugel von L, die wir $\mathfrak{L}$ nennen. $\mathfrak{S}$ wird durch diese Schnittlinie in 2 Elementarflächenstücke $\mathfrak{f}_1$ und $\mathfrak{f}_2$ zerlegt. Wir müssen nun 2 Fälle unterscheiden, nämlich daß e in $\mathfrak{L}$ liegt und daß e im Äußeren von $\mathfrak{L}$ liegt. Da auf e keine weitere Schnittlinie liegt, besteht keine andere Möglichkeit.

1. e liegt in $\mathfrak{L}$.

Dann wird $\mathfrak{L}$ durch e in zwei von $\mathfrak{f}_1$ und e und von $\mathfrak{f}_2$ und e berandete Kugeln $\mathfrak{L}_1$ und $\mathfrak{L}_2$ zerlegt. Dies folgt aus Hilfssatz 2 und S II, da e mit $\mathfrak{f}_1$ bzw. $\mathfrak{f}_2$ nur den Rand gemein hat. Für den Verlauf von k ergeben sich 2 Möglichkeiten, je nachdem ob e von k in keinem oder einem Punkte getroffen wird.

a) k schneidet e nicht.

Da $\mathfrak{L}$ von e zerlegt wird und k den Rand $\mathfrak{S}$ von $\mathfrak{L}$ in genau 2 Punkten schneidet, müssen beide Schnittpunkte von k mit $\mathfrak{S}$ entweder auf $\mathfrak{f}_1$ oder auf $\mathfrak{f}_2$ liegen, etwa auf $\mathfrak{f}_1$. k ist dann punktfremd zu $\mathfrak{L}_2$. Die Sehne von $\mathfrak{L}$ liegt ganz in $\mathfrak{L}_1$ und erzeugt in $\mathfrak{L}_1$ denselben Knoten wie in $\mathfrak{L}$, wie man erkennt, wenn man die Sehne auf $\mathfrak{f}_1$ zu einer Knotenlinie ergänzt. Wir können also $\mathfrak{L}$ durch $\mathfrak{L}_1$ ersetzen. Danach läßt sich durch Verschieben von Ecken einer gewissen simplizialen Zerlegung des Randes von $\mathfrak{L}_1$ erreichen[22], daß e als Elementarflächenstück auf $\Re$ mit dem Rande von $\mathfrak{L}_1$ nichts mehr gemein hat. Dieses Verschieben von Ecken kann

---

[22] Wir hatten dazu oben angenommen, daß $\Re$ ein 3-Simplex im Inneren des Basissimplexes der $\mathfrak{S}^3$ ist und daß k und die Ränder der Kugeln von L im Inneren des Basissimplexes der $\mathfrak{S}^3$ liegen.

offenbar so vorgenommen werden, daß dabei keine neuen Schnittlinien mit $\mathfrak{R}$ oder den Rändern der anderen Kugeln von K und keine neuen gemeinsamen Punkte von k und dem Rande von $\mathfrak{L}_1$ entstehen und daß $\mathfrak{L}_1$ punktfremd bleibt zu den übrigen Kugeln von L. Die Schnittlinie, die den Rand von $\mathfrak{e}$ bildete, ist damit verschwunden, ohne daß neue Schnittlinien entstanden sind. Falls noch weitere Schnittlinien auf $\mathfrak{f}_2$ lagen, sind diese gleichzeitig verschwunden.

b) k schneidet $\mathfrak{e}$ in genau einem Punkte.

Da $\mathfrak{L}$ von $\mathfrak{e}$ zerlegt wird, liegt dann einer der beiden Schnittpunkte von k mit $\mathfrak{S}$ auf $\mathfrak{f}_1$, der andere auf $\mathfrak{f}_2$. Die Sehne von $\mathfrak{L}$ bildet je eine Sehne in $\mathfrak{L}_1$ und in $\mathfrak{L}_2$. Da in $\mathfrak{L}$ ein Primknoten liegt, muß nach der Umkehrung von Hilfssatz 9 durch diese Sehnen in einer der beiden Kugeln $\mathfrak{L}_1$ und $\mathfrak{L}_2$, etwa in $\mathfrak{L}_2$, der Kreis erzeugt werden und in der anderen Kugel, also in $\mathfrak{L}_1$, derselbe Primknoten wie in $\mathfrak{L}$ liegen. Wir können also $\mathfrak{L}$ durch $\mathfrak{L}_1$ ersetzen. Danach läßt sich durch Verschieben von Ecken einer gewissen simplizialen Zerlegung des Randes von $\mathfrak{L}_1$ und von k erreichen, daß $\mathfrak{e}$ als Elementarflächenstück auf $\mathfrak{R}$ mit dem Rande von $\mathfrak{L}_1$ nichts mehr gemein hat. Eine der zu verschiebenden Ecken ist der Schnittpunkt von k mit $\mathfrak{e}$. Diese ist längs k zu verschieben. Da wir angenommen haben, daß k den Rand von $\mathfrak{K}$ geradlinig durchsetzt, ändert sich k dabei nicht. Die Verschiebung soll außerdem so vorgenommen werden, daß die unter a aufgeführten Bedingungen erfüllt sind. Damit ist die Schnittlinie, die $\mathfrak{e}$ berandete, verschwunden, ohne daß neue Schnittlinien entstanden sind.

2. $\mathfrak{e}$ liegt im Äußeren von $\mathfrak{L}$.

a) k trifft $\mathfrak{e}$ nicht.

Da die Elementarflächenstücke $\mathfrak{e}$ und $\mathfrak{f}_1$ nur den Rand gemein haben (auf $\mathfrak{e}$ liegt keine weitere Schnittlinie), bilden sie zusammen nach Hilfssatz 2 eine 2-Sphäre, die nach S II die $\mathfrak{S}^3$ in 2 Kugeln $\mathfrak{L}_1$ und $\overline{\mathfrak{L}}_1$ zerlegt. Da $\mathfrak{f}_2$ mit $\mathfrak{e}$ und $\mathfrak{f}_1$ nur den Rand gemein hat, liegt $\mathfrak{f}_2$ in einer dieser beiden Kugeln $\mathfrak{L}_1$, $\overline{\mathfrak{L}}_1$, etwa in $\overline{\mathfrak{L}}_1$. Die beiden Schnittpunkte von k mit $\mathfrak{S}$ liegen entweder beide auf $\mathfrak{f}_1$ oder beide auf $\mathfrak{f}_2$, denn da k geschlossen ist und der Rand von $\mathfrak{L}_1$ die $\mathfrak{S}^3$ zerlegt, muß k den Rand von $\mathfrak{L}_1$ in einer geraden Anzahl von Punkten schneiden, und $\mathfrak{e}$ wird von k nicht getroffen. Nehmen wir an, daß $\mathfrak{f}_1$ von k nicht getroffen wird (andernfalls vertauschen sich die Rollen von $\mathfrak{f}_1$ und $\mathfrak{f}_2$, und es sind den Kugeln $\mathfrak{L}_1$, $\overline{\mathfrak{L}}_1$ entsprechende

Die eindeutige Zerlegbarkeit eines Knotens in Primknoten. 39

Kugeln $\mathfrak{Q}_2$, $\overline{\mathfrak{Q}}_2$ zu benutzen). k trifft also den Rand von $\mathfrak{Q}_1$ nicht. Da Punkte von k im Inneren von $\overline{\mathfrak{Q}}_1$ (nämlich die Schnittpunkte mit $\mathfrak{f}_2$) liegen, liegt k ganz im Inneren von $\overline{\mathfrak{Q}}_1$ (Abb. 5).

Der Durchschnitt von $\mathfrak{Q}_1$ mit den Kugeln von L besteht nur aus dem Elementarflächenstück $\mathfrak{f}_1$. Lägen nämlich im Inneren von $\mathfrak{Q}_1$ Randpunkte einer Kugel $\mathfrak{Q}''$ von L (offenbar muß $\mathfrak{Q}''$ von $\mathfrak{Q}$ verschieden sein), so enthielte $\mathfrak{Q}_1$ den ganzen Rand von $\mathfrak{Q}''$, da der Rand von $\mathfrak{Q}''$ weder e noch $\mathfrak{f}_1$ treffen kann. Der Rand von $\mathfrak{Q}''$ würde dann aber nicht von k getroffen. Enthielte $\mathfrak{Q}_1$ innere Punkte einer von $\mathfrak{Q}$ verschiedenen Kugel $\mathfrak{Q}''$ von L, nicht aber Randpunkte von $\mathfrak{Q}''$, so läge $\mathfrak{Q}_1$ und damit $\mathfrak{f}_1$ im Inneren von $\mathfrak{Q}''$, was ebenfalls nicht möglich ist. Schließlich enthält $\mathfrak{Q}_1$ keine inneren Punkte von $\mathfrak{Q}$, da e im Äußeren von $\mathfrak{Q}$ und $\mathfrak{f}_2$ im Äußeren von $\mathfrak{Q}_1$ liegt.

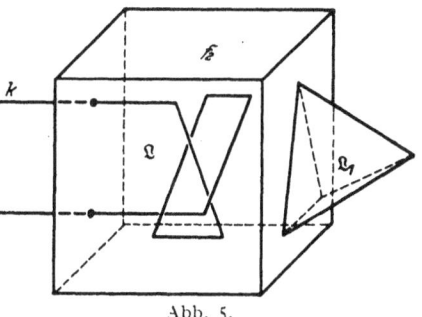

Abb. 5.

Nun bilden e und $\mathfrak{f}_2$ zusammen eine 2-Sphäre, die eine Kugel $\mathfrak{Q}'$ berandet, die $\mathfrak{f}_1$ enthält. Genauer: $\mathfrak{Q}'$ wird durch $\mathfrak{f}_1$ in die Kugeln $\mathfrak{Q}$ und $\mathfrak{Q}_1$ zerlegt. Da der Durchschnitt von $\mathfrak{Q}_1$ mit den Kugeln von L nur aus $\mathfrak{f}_1$ besteht, besteht der Durchschnitt von $\mathfrak{Q}'$ mit den Kugeln von L gerade aus $\mathfrak{Q}$. Die Sehne von $\mathfrak{Q}$ ist gleichzeitig Sehne von $\mathfrak{Q}'$ und erzeugt in $\mathfrak{Q}'$ denselben Knoten wie in $\mathfrak{Q}$, wie man erkennt, wenn man die Sehne durch einen Weg auf $\mathfrak{f}_2$ zu einer Knotenlinie ergänzt. Wir können also $\mathfrak{Q}$ durch $\mathfrak{Q}'$ ersetzen. Durch Verschieben von Ecken einer gewissen simplizialen Zerlegung des Randes von $\mathfrak{Q}'$ läßt sich auch hier erreichen, daß e als Elementarflächenstück auf $\mathfrak{R}$ nichts mehr mit dem Rande von $\mathfrak{Q}'$ gemein hat, wobei diese Verschiebung die unter 1a angegebenen Bedingungen erfüllen soll. Die Schnittlinie, die e berandete, ist damit auch in diesem Falle verschwunden, ohne daß neue Schnittlinien entstanden sind.

b) k schneidet e in genau einem Punkte.

Während die vorangehenden Fälle sehr einfach zu behandeln waren, ist hier eine weitergehende Betrachtung erforderlich. Ehe wir diesen Fall diskutieren, beseitigen wir nach 1a und 2a alle Schnittlinien, die auf $\mathfrak{R}$ ein Elementarflächenstück beranden, das keinen Schnittpunkt von k mit $\mathfrak{R}$ enthält. Da auf einem solchen

Elementarflächenstück keine Schnittlinie liegen kann, für die der Fall 1b oder 2b eintritt, ist es tatsächlich möglich, alle Schnittlinien zu beseitigen, die ein solches Elementarflächenstück beranden. Es bleiben dann auf $\Re$ nur noch solche Schnittlinien, die $\Re$ so in 2 Elementarflächenstücke zerlegen, daß auf jedem dieser Elementarflächenstücke genau ein Schnittpunkt von k mit $\Re$ liegt. Tritt dabei noch der Fall 1b ein, so bringen wir die betreffenden Schnittlinien auch noch zum Verschwinden. Nehmen wir an, daß nun noch der Fall 2b eintritt.

Da e im Äußeren von $\mathfrak{L}$ liegt und mit $\mathfrak{S}$ nur den Rand gemein hat, zerlegt e die Komplementärkugel von $\mathfrak{L}$ in zwei von e und $\mathfrak{f}_1$ bzw. von e und $\mathfrak{f}_2$ berandete Kugeln $\mathfrak{M}_1$ und $\mathfrak{M}_2$, wie sich aus Hilfssatz 2 und S II ergibt. k schneidet $\mathfrak{f}_1$ und $\mathfrak{f}_2$ in je einem Punkte. Denn da k geschlossen ist und die Ränder von $\mathfrak{M}_1$ bzw. $\mathfrak{M}_2$ die $\mathfrak{S}^3$ zerlegen, muß k den Rand von $\mathfrak{M}_1$ und den Rand von $\mathfrak{M}_2$ in einer geraden Zahl von Punkten schneiden. Ein Schnittpunkt liegt auf e, und auf $\mathfrak{f}_1$ und $\mathfrak{f}_2$ zusammen, also auf $\mathfrak{S}$, liegen genau 2 Schnittpunkte mit k. k bildet also in $\mathfrak{M}_1$ und $\mathfrak{M}_2$ je eine Sehne.

Erzeugt eine dieser Sehnen, etwa die von $\mathfrak{M}_1$, den Kreis, so könnten wir ähnlich wie in den vorangehenden Fällen schließen. Im allgemeinen wird aber weder die Sehne von $\mathfrak{M}_1$ in $\mathfrak{M}_1$ noch die Sehne von $\mathfrak{M}_2$ in $\mathfrak{M}_2$ den Kreis erzeugen, sondern es werden sowohl im Inneren von $\mathfrak{M}_1$ wie im Inneren von $\mathfrak{M}_2$ Kugeln von L liegen (vgl. dazu Abb. 4 mit $\mathfrak{K}_1$ als $\mathfrak{K}$ und $\mathfrak{K}_1'$ als $\mathfrak{L}$ und dem Elementarflächenstück, das die Bohrung von $\mathfrak{K}_1'$ bei B aus dem Rande von $\mathfrak{K}_1$ ausschneidet, als e). Wir müssen hier also anders vorgehen.

Wir nennen die Schnittlinie, von der e berandet wird, s_1. Da e im Äußeren von $\mathfrak{L}$ liegt und s_1 Schnittlinie ist, tritt $\Re$ längs s_1 vom Äußeren ins Innere von $\mathfrak{L}$ ein. s_1 kann nicht die einzige Schnittlinie auf $\Re$ sein, sonst würde s_1 auf $\Re$ außer e ein Elementarflächenstück $\bar{e}$ beranden, das keine weitere Schnittlinie enthielte und somit ganz in $\mathfrak{L}$ läge. Wir erhielten damit den Fall 1b, der aber nicht mehr auftreten sollte. Wenn wir, von e ausgehend, s_1 auf $\Re$ überschreiten, müssen wir also zu einer nächsten Schnittlinie s_2 kommen, die $\Re$ ebenfalls in 2 Elementarflächenstücke zerlegt, die je einen Schnittpunkt von k mit $\Re$ enthalten (andere Schnittlinien sind nicht mehr vorhanden). Auf einem dieser Elementarflächenstücke liegt s_1 und damit e (e enthält s_2 nicht). s_1 und s_2 beranden auf $\Re$ somit einen Kreisring r, der keine weitere Schnittlinie enthält, da s_2 die auf s_1 folgende Schnittlinie sein sollte. Da $\Re$ längs s_1

Die eindeutige Zerlegbarkeit eines Knotens in Primknoten. 41

vom Äußeren ins Innere von $\mathfrak{L}$ eintritt, muß der ganze Kreisring $\mathfrak{r}$ zu $\mathfrak{L}$ gehören, und s_2 ist wieder eine Schnittlinie von $\mathfrak{R}$ und dem Rande $\mathfrak{S}$ von $\mathfrak{L}$. s_2 liegt also entweder auf $\mathfrak{f}_1$ oder $\mathfrak{f}_2$. Nehmen wir an, daß s_2 auf $\mathfrak{f}_2$ liegt (Abb. 6a).

Durch s_1 und s_2 wird $\mathfrak{S}$ in 3 Bereiche zerlegt: einen Kreisring $\mathfrak{r}$, der von s_1 und s_2 berandet wird, ein Elementarflächenstück $\mathfrak{f}_1'$, das von s_1 berandet wird und s_2 nicht enthält und ein Elementarflächenstück $\mathfrak{f}_2'$, das von s_2 berandet wird und auf $\mathfrak{f}_2$ liegt, also s_1 nicht enthält. Wir hatten oben bemerkt, daß auf $\mathfrak{f}_1$ genau ein Schnittpunkt von k mit $\mathfrak{S}$ liegt. Wir nennen ihn A. Ebenso wie

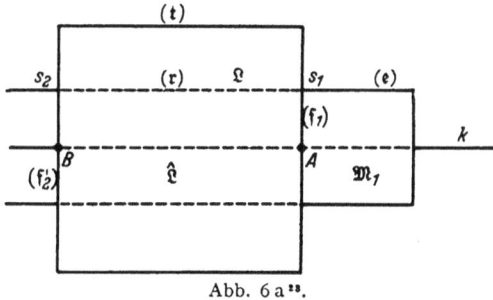

Abb. 6a[23].

oben ergibt sich, daß der andere Schnittpunkt von k mit $\mathfrak{S}$ auf $\mathfrak{f}_2'$ liegt[24]. Wir nennen ihn B.

$\mathfrak{f}_1$ und $\mathfrak{r}$ bilden zusammen ein Elementarflächenstück $\mathfrak{f}_1'$, da $\mathfrak{f}_1$ und $\mathfrak{r}$ nur längs s_1 aneinanderstoßen. $\mathfrak{f}_1'$ hat mit $\mathfrak{f}_2'$ nur den Rand s_2 gemein. $\mathfrak{f}_1'$ und $\mathfrak{f}_2'$ bilden also zusammen eine 2-Sphäre. Da $\mathfrak{f}_1'$ und $\mathfrak{f}_2'$ aus Punkten von $\mathfrak{L}$ bestehen, besteht eine der beiden Kugeln, in die die $\mathfrak{S}^3$ durch diese 2-Sphäre zerlegt wird, nur aus Punkten von $\mathfrak{L}$. Wir nennen diese Kugel $\hat{\mathfrak{L}}$. Anschaulich gesprochen: man zerschneidet $\mathfrak{L}$ längs $\mathfrak{r}$ und erhält $\hat{\mathfrak{L}}$. Die beiden Elementarflächenstücke $\mathfrak{e}$ und $\mathfrak{f}_1$ beranden die Kugel $\mathfrak{M}_1$, die wir oben eingeführt haben und die mit $\mathfrak{L}$ keine inneren Punkte gemein hat. Für das folgende geben wir den Kugeln $\hat{\mathfrak{L}}$ und $\mathfrak{M}_1$ eine übersichtliche Gestalt. Durch eine semilineare Abbildung, die wir konstruieren werden, läßt sich erreichen, daß $\hat{\mathfrak{L}}$ in einen euklidischen Würfel im Inneren

---

[23] In der Abbildung ist $\mathfrak{L}$ auf eine übersichtliche Gestalt gebracht. Da dann über den Verlauf von $\mathfrak{r}$ und k nichts Näheres bekannt ist, sind $\mathfrak{r}$ und k nur durch gerade gestrichelte Linien angedeutet.

[24] $\mathfrak{e}$ und $\mathfrak{r}$ bilden zusammen auf $\mathfrak{R}$ ein Elementarflächenstück, das nur einen Schnittpunkt von k mit $\mathfrak{R}$ enthält. Das Elementarflächenstück hat mit $\mathfrak{f}_2'$ nur den Rand gemein, bildet also mit $\mathfrak{f}_2'$ eine 2-Sphäre.

des Basissimplexes der $\mathfrak{S}^3$ übergeht, wobei $\mathfrak{f}'_2$ zu einer Seitenfläche dieses Würfels wird, und daß gleichzeitig $\mathfrak{M}_1$ in eine vierseitige Pyramide übergeht, die ebenfalls im Inneren des Basissimplexes der $\mathfrak{S}^3$ liegt und die auf diejenige Seitenfläche des Würfels aufgesetzt ist, die dem Bilde von $\mathfrak{f}'_2$ gegenüberliegt[25] (Abb. 6b).

Wir gehen dazu von einem euklidischen Würfel im Basissimplex der $\mathfrak{S}^3$ aus, auf dessen eine Seitenfläche eine gleichseitige Pyramide aufgesetzt ist, die auch noch im Inneren des Basissimplexes der $\mathfrak{S}^3$ liegt. Wir benutzen semilineare Abbildungen allgemeinerer

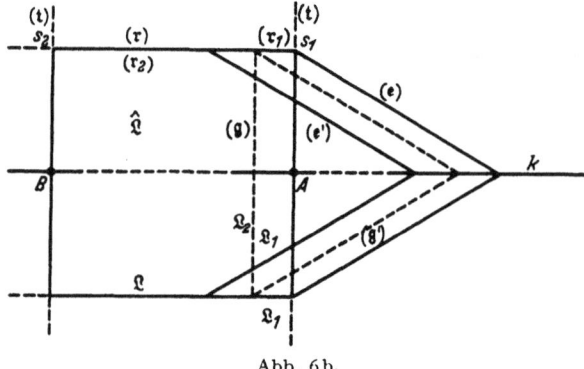

Abb. 6b.

Art, die nicht Abbildungen der $\mathfrak{S}^3$ auf sich sind, und konstruieren mit ihrer Hilfe die gewünschte orientierungserhaltende semilineare Abbildung der $\mathfrak{S}^3$ auf sich. Zunächst existiert nach S III eine orientierungserhaltende semilineare Abbildung der $\mathfrak{S}^3$ auf sich, die $\mathfrak{M}_1$ auf die volle Pyramide so abbildet, daß $\mathfrak{f}_1$ in die Grundfläche der Pyramide übergeht. Wir betrachten die dadurch induzierte Abbildung von $\mathfrak{M}_1$ auf die Pyramide, vernachlässigen also die Abbildung auf der Komplementärkugel von $\mathfrak{M}_1$. Man erhält eine simpliziale Zerlegung der Pyramide, wenn man eine simpliziale Zerlegung des Randes von einem inneren Punkte aus projiziert. Aus dieser Bemerkung ergibt sich, daß man noch durch eine orientierungserhaltende semilineare Abbildung der Pyramide auf sich erreichen kann, daß das Bild von A der Mittelpunkt der Grundseite der Pyramide ist, während die Grundseite das Bild von $\mathfrak{f}_1$ bleibt, und daß außerdem der Schnittpunkt von k mit $\mathfrak{e}$ die Spitze der Pyramide als

---

[25] Wir benutzen im Basissimplex der $\mathfrak{S}^3$ die euklidische Metrik. Dies läßt sich vermeiden und geschieht nur, um den Beweis anschaulich verfolgen zu können.

Bild hat. Die vier an die Grundseite der Pyramide anstoßenden Seitenflächen des Würfels bilden einen Kreisring. Der eine seiner Ränder ist das Bild von s_1 bezüglich der angegebenen Abbildung von $\mathfrak{M}_1$ auf die Pyramide. Nach S VIII Zusatz 2 läßt sich der Kreisring $\mathfrak{r}$ semilinear so auf den von den Würfelseiten gebildeten abbilden, daß die Abbildung auf s_1 mit der vorangehenden übereinstimmt. Nach S VIII Zusatz 1 läßt sich nun noch $\mathfrak{f}_2'$ auf die restliche Würfelseite semilinear so abbilden, daß die Abbildung auf s_2 mit der Abbildung von $\mathfrak{r}$ übereinstimmt (s_2 ist gemeinsamer Rand von $\mathfrak{f}_2'$ und $\mathfrak{r}$). Nunmehr ist der Rand von $\hat{\mathfrak{Q}}$ semilinear auf den Rand des Würfels abgebildet. Nach S IX können wir diese Abbildung zu einer semilinearen Abbildung von $\hat{\mathfrak{Q}}$ auf den vollen Würfel erweitern. Damit ist die Abbildung bereits auf $\hat{\mathfrak{Q}}$ und $\mathfrak{M}_1$ konstruiert. $\hat{\mathfrak{Q}}$ und $\mathfrak{M}_1$ bilden zusammen eine Kugel, die von der 2-Sphäre berandet wird, die durch $\mathfrak{e}$, $\mathfrak{r}$ und $\mathfrak{f}_2'$ gebildet wird. Ebenso verhalten sich die Bilder. Für die Komplementärkugeln dieser Kugeln ist durch das Bisherige eine semilineare Abbildung des Randes erklärt. Nach S IX können wir die Abbildung auf die Komplementärkugeln erweitern. Wir haben damit schließlich eine semilineare Abbildung der $\mathfrak{S}^3$ auf sich erhalten. Diese Abbildung ist orientierungserhaltend, da sie es auf $\mathfrak{M}_1$ ist. Wegen S VI können wir noch durch eine semilineare Abbildung (der $\mathfrak{S}^3$ auf sich) erreichen, daß k und die Ränder aller Kugeln von L und K im Inneren des Basissimplexes der $\mathfrak{S}^3$ liegen, wobei mit dem Basissimplex auch die betrachtete Pyramide und der betrachtete Würfel ähnlich abgebildet werden. Wir benutzen jetzt für die Bilder dieselben Buchstaben wie für die Urbilder, da diese nicht mehr gebraucht werden.

Durch isotope simpliziale Deformation läßt sich noch erreichen, daß $\mathfrak{f}_1$ von k in A geradlinig durchsetzt wird und zwar so, daß dieses geradlinige Stück von k senkrecht zu $\mathfrak{f}_1$ ist. Ferner läßt sich erreichen, daß k auch $\mathfrak{e}$ geradlinig durchsetzt und daß dieses geradlinige Stück von k in der Verlängerung des durch A gehenden geradlinigen Stückes von k liegt. Wir hatten nämlich angenommen, daß A der Mittelpunkt der Würfelseite $\mathfrak{f}_1$ und der Schnittpunkt von k mit $\mathfrak{e}$ die Spitze der gleichseitigen Pyramide $\mathfrak{M}_1$ ist. Diese isotopen simplizialen Deformationen können wir als Deformationen desjenigen Komplexes vornehmen, der von k und den Rändern aller Kugeln von K und L gebildet wird, und zwar bei hinreichend feiner simplizialer Zerlegung von k so, daß die Ränder der Kugeln von K und L festbleiben.

$\hat{\mathfrak{L}}$ ist Teilkugel von $\mathfrak{L}$. Wir könnten $\mathfrak{L}$ durch $\hat{\mathfrak{L}}$ ersetzen, wenn die von k in $\hat{\mathfrak{L}}$ gebildete Sehne (es ist die Sehne von $\mathfrak{L}$) in $\hat{\mathfrak{L}}$ denselben Knoten erzeugte wie in $\mathfrak{L}$. Um dies festzustellen, zerlegen wir $\hat{\mathfrak{L}}$ durch ein zu $\mathfrak{f}_1$ paralleles Elementarflächenstück $\mathfrak{g}$. Wir können $\mathfrak{g}$ so nahe an $\mathfrak{f}_1$ wählen, daß $\mathfrak{g}$ von k nur mit dem durch A gehenden, geradlinigen Stück von k getroffen wird. Der Rand von $\mathfrak{g}$ zerlegt $\mathfrak{r}$ in 2 Kreisringe $\mathfrak{r}_1$ und $\mathfrak{r}_2$, wobei s_1 zum Rande von $\mathfrak{r}_1$, s_2 zum Rande von $\mathfrak{r}_2$ gehören möge. $\mathfrak{r}_2$ bildet zusammen mit $\mathfrak{g}$ ein Elementarflächenstück, das von k in nur einem Punkte getroffen wird. Die Kugel $\mathfrak{L}$ wird durch dieses Elementarflächenstück in 2 Kugeln $\mathfrak{L}_1$ und $\mathfrak{L}_2$ zerlegt, da der Durchschnitt dieses Elementarflächenstückes mit dem Rande von $\mathfrak{L}$ nur aus dem Rande s_2 des Elementarflächenstückes besteht. Die Bezeichnungen $\mathfrak{L}_1$, $\mathfrak{L}_2$ werden so gewählt, daß $\mathfrak{L}_2$ von $\mathfrak{g}$, $\mathfrak{r}_2$ und $\mathfrak{f}_2'$ berandet wird. $\mathfrak{L}_1$ wird dann von $\mathfrak{g}$, $\mathfrak{r}_2$, $\mathfrak{t}$ und $\mathfrak{f}_1$ berandet. k bildet in $\mathfrak{L}_1$ und $\mathfrak{L}_2$ je eine Sehne, wobei die Sehne von $\mathfrak{L}_1$ geradlinig ist, und erzeugt damit in $\mathfrak{L}_1$ und $\mathfrak{L}_2$ je einen Knoten. Nach der Umkehrung von Hilfssatz 9 ist der in $\mathfrak{L}$ liegende Knoten das Produkt dieser beiden. Da aber der in $\mathfrak{L}$ liegende Knoten ein Primknoten ist, ist einer der beiden in $\mathfrak{L}_1$ bzw. $\mathfrak{L}_2$ liegenden Knoten der Kreis und der andere gleich dem in $\mathfrak{L}$ liegenden Primknoten.

$\mathfrak{L}_2$ ist Teilkugel von $\hat{\mathfrak{L}}$, da $\hat{\mathfrak{L}}$ durch $\mathfrak{g}$ in die von $\mathfrak{g}$, $\mathfrak{r}_2$ und $\mathfrak{f}_2'$ berandete Kugel $\mathfrak{L}_2$ und eine von $\mathfrak{g}$, $\mathfrak{r}_1$ und $\mathfrak{f}_1$ berandete Kugel zerlegt wird. Das in dieser letzten Kugel liegende geradlinige Stück von k erzeugt in dieser Kugel offenbar den Kreis. Nach der Umkehrung von Hilfssatz 9 erzeugt das in $\hat{\mathfrak{L}}$ liegende Stück von k als Sehne in $\hat{\mathfrak{L}}$ denselben Knoten wie das in $\mathfrak{L}_2$ liegende Stück von k als Sehne in $\mathfrak{L}_2$. In $\hat{\mathfrak{L}}$ liegt also entweder derselbe Primknoten wie in $\mathfrak{L}$ oder der Kreis.

Im ersten Falle können wir $\mathfrak{L}$ durch $\hat{\mathfrak{L}}$ ersetzen. Durch Verschieben der Ecken einer gewissen simplizialen Zerlegung des Randes von $\hat{\mathfrak{L}}$ läßt sich noch erreichen, daß $\mathfrak{r}$ als Kreisring auf dem Rande von $\mathfrak{K}$ nichts mehr mit dem Rande von $\hat{\mathfrak{L}}$ gemein hat, daß also die Schnittlinien s_1 und s_2 gleichzeitig verschwinden. Die Verschiebung läßt sich auch hier so vornehmen, daß die unter 1a angeführten Bedingungen erfüllt werden, daß also keine neuen Schnittlinien entstehen und L (mit der Kugel $\hat{\mathfrak{L}}$ statt $\mathfrak{L}$) ein zerlegendes System von Kugeln bleibt.

Liegt in $\hat{\mathfrak{L}}$ und damit in $\mathfrak{L}_2$ der Kreis, so liegt in $\mathfrak{L}_1$ derselbe Primknoten wie in $\mathfrak{L}$. Man kann $\mathfrak{L}$ durch $\mathfrak{L}_1$ ersetzen, aber es ist

Die eindeutige Zerlegbarkeit eines Knotens in Primknoten. 45

damit zunächst noch nichts für die Verringerung des Durchschnittes der Ränder von $\mathfrak{K}$ und $\mathfrak{L}$ gewonnen. Es wird sich darum handeln, die Kugel $\mathfrak{L}_1$ durch eine solche Kugel $\mathfrak{L}_1'$ zu ersetzen, die die gleichzeitige Beseitigung der Schnittlinien s_1 und s_2 gestattet.

Es ist offenbar gleichgültig, wie nahe wir $\mathfrak{g}$ an $\mathfrak{f}_1$ wählen, wenn nur das zwischen $\mathfrak{g}$ und $\mathfrak{f}_1$ liegende Stück von k geradlinig ist und $\mathfrak{g}$ von k sonst nicht getroffen wird. Wir treffen noch eine Verfügung, wie nahe wir $\mathfrak{g}$ an $\mathfrak{f}_1$ wählen wollen. Wenn man e parallel zu sich in Richtung auf A verschiebt, so liegt bei hinreichend kleiner Verschiebung die verschobene Pyramidenspitze noch auf dem Stück von k, das geradlinig durch die unverschobene Spitze geht. Bei einer solchen Verschiebung wandert die Schnittlinie von e mit dem Rande von $\mathfrak{L}$ (s_1 in der Anfangslage) vom Fuße der Pyramide in Richtung zur Spitze. Wenn wir die Verschiebung von e hinreichend klein machen, bleibt e noch zu den Rändern der Kugeln von L mit Ausnahme dieser Schnittlinie und zu den Rändern der von $\mathfrak{K}$ verschiedenen Kugeln von K punktfremd. Eine solche kleine Verschiebung von e wollen wir vornehmen, und wir nennen das verschobene Flächenstück e'. Wir wählen nun $\mathfrak{g}$ so nahe an $\mathfrak{f}_1$, daß der Rand von $\mathfrak{g}$ zwischen e' und e zu liegen kommt.

Nunmehr ersetzen wir das Elementarflächenstück $\mathfrak{f}_1$ des Randes von $\mathfrak{L}_1$ durch das Elementarflächenstück e und das Elementarflächenstück $\mathfrak{g}$ des Randes von $\mathfrak{L}_1$ durch ein zu e paralleles Elementarflächenstück $\mathfrak{g}'$, das denselben Rand wie $\mathfrak{g}$ hat. Damit entsteht aus $\mathfrak{L}_1$ eine Kugel $\mathfrak{L}_1'$. Anschaulich gesprochen: Die Platte, die den Durchschnitt von $\mathfrak{L}_1$ und $\hat{\mathfrak{Q}}$ bildet, wird einer Scherung unterworfen. Das in $\mathfrak{L}_1'$ liegende geradlinige Stück von k erzeugt in $\mathfrak{L}_1'$ denselben Knoten wie das in $\mathfrak{L}_1$ liegende geradlinige Stück von k in $\mathfrak{L}_1$, also den in $\mathfrak{L}$ liegenden Primknoten. Betrachtet man nämlich die Kugeln $\mathfrak{L}_1'$ und $\mathfrak{L}_1$ allein, sieht man also von dem Vorhandensein der Knotenlinie k und der Kugeln von K und L ab, so erkennt man, daß sich $\mathfrak{L}_1'$ mit Sehne aus $\mathfrak{L}_1$ mit Sehne durch isotope simpliziale Deformation erhalten läßt[26]. Wir können also $\mathfrak{L}$ durch $\mathfrak{L}_1'$ ersetzen.

Wir betrachten nun den Komplex, der von k und den Rändern der Kugeln von K gebildet wird. Bei geeigneter simplizialer Zerlegung können wir auf diesem Komplex eine isotope simpliziale

---

[26] Tatsächlich wird eine solche Deformation nicht ausgeführt. Sie dient nur der Feststellung, daß die Knoten in $\mathfrak{L}_1'$ und $\mathfrak{L}_1$ gleich sind. Deswegen darf der Verlauf von k und die Lage der Kugeln von K und L unberücksichtigt bleiben.

Deformation vornehmen, die darin besteht, daß e parallel in e' verschoben und gleichzeitig r ähnlich auf den Teil zusammengezogen wird, der zwischen s_2 und dem Rande von e' liegt. Der Schnittpunkt von k mit e wandert dabei auf einem geradlinigen Stück von k, k geht daher in sich über. Wir hatten e' so gewählt, daß diese Deformation möglich ist, d. h., daß die Kugeln von K zueinander punktfremd bleiben. Wir können außerdem diejenigen Ecken, die auf dem Kreisringe liegen, der aus r durch ähnliches Zusammenziehen entsteht, noch so verschieben, daß er zu dem Rande von $\mathfrak{L}'_1$ punktfremd wird und keine neuen Schnittlinien entstehen. Damit sind die Schnittlinien s_1 und s_2 verschwunden und auf dem Rande von $\mathfrak{K}$ sind keine neuen Schnittlinien entstanden. Da auf e keine Schnittlinien lagen (außer dem Rande s_1) und e' und damit $\mathfrak{g}'$ geeignet gewählt wurden, können Schnittlinien des Randes von $\mathfrak{L}'_1$ mit den Kugeln von K nicht auf e und $\mathfrak{g}'$ sondern nur noch auf t liegen. Aus gleichen Gründen ist die Kugel $\mathfrak{L}'_1$ zu den von $\mathfrak{L}$ verschiedenen Kugeln des Systems L punktfremd, so daß die Ersetzung von $\mathfrak{L}$ durch $\mathfrak{L}'_1$ erlaubt war.

Wir haben zuletzt auf das Kugelsystem K eine isotope simpliziale Deformation ausgeübt, während eigentlich nur das zerlegende System L geändert werden sollte. Nach S VII existiert jedoch eine semilineare Abbildung, die auf K und k dieselbe Wirkung hat wie die Deformation. Führt man nach der Deformation von K die Inverse dieser Abbildung aus, so erhält K seine vorherige Lage, während sich die Lage der Kugeln von L ändert. An den Durchschnitten der Ränder der Kugel von K mit den Rändern der Kugeln von L ändert sich dabei nichts, da die Abbildung topologisch ist (auf den von $\mathfrak{K}$ verschiedenen Kugeln von K sogar die Identität). Es wäre noch zu bemerken, daß wir im Verlaufe des Beweises durch semilineare Abbildungen mehrfach Lage und Gestalt von k und K geändert haben. Durch die Inversen dieser Abbildungen kann man noch k und K auf die ursprüngliche Gestalt zurückbringen.

Wir haben nun schließlich erhalten, daß man tatsächlich alle Schnittlinien auf dem Rande der Kugel $\mathfrak{K}$ des Systems K zum Verschwinden bringen kann, ohne daß neue Schnittlinien auf den Rändern der übrigen Kugeln von K entstehen. Damit ist der Beweis des Hilfssatzes 12 gegeben.

Wir geben noch eine Veranschaulichung der beiden Möglichkeiten, die im Falle 2b des Beweises auftraten, nämlich daß in der Teilkugel $\hat{\mathfrak{L}}$ von $\mathfrak{L}$ entweder derselbe Primknoten wie in $\mathfrak{L}$ oder

Die eindeutige Zerlegbarkeit eines Knotens in Primknoten. 47

der Kreis erzeugt wird. Wir denken uns dazu $\mathfrak{L}$ in eine einfache Gestalt gebracht, etwa in die Gestalt eines Würfels. Die beiden Fälle unterscheiden sich durch den Verlauf des Kreisringes $\mathfrak{r}$ in bezug auf die Sehne von $\mathfrak{L}$ (Abb. 7a und b).

Die beiden Figuren waren durch Abb. 6a (und auch 6b) schematisch zusammengefaßt. In Abb. 7a geht der Kreisring $\mathfrak{r}$ durch das Innere von $\mathfrak{L}$, ohne dem Verlaufe der Sehne zu folgen. Dies ist der Fall, in dem $\hat{\mathfrak{L}}$ denselben Primknoten enthält wie $\mathfrak{L}$ ($\hat{\mathfrak{L}}$ entstand aus $\mathfrak{L}$ dadurch, daß $\mathfrak{L}$ längs $\mathfrak{r}$ zerschnitten wurde). In Abb. 7b folgt der Kreisring $\mathfrak{r}$ dem Verlaufe der Sehne von $\mathfrak{L}$, d. h. $\mathfrak{r}$ bildet

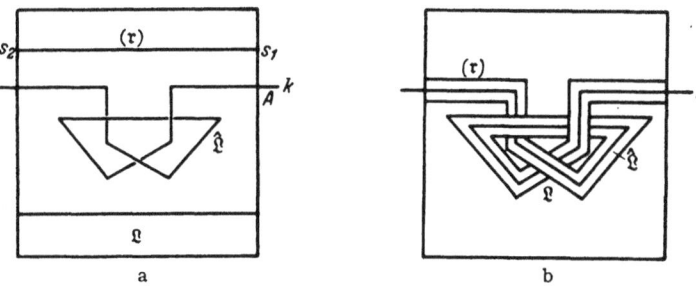

Abb. 7a und b.

einen Schlauch, dessen Seele die Sehne von $\mathfrak{L}$ ist. In diesem Falle liegt in $\hat{\mathfrak{L}}$ der Kreis. Dieser Fall war bereits in Abb. 4 gezeichnet, wenn man dort $\mathfrak{K}_1 = \mathfrak{L}$ und $\mathfrak{K}'_1 = \mathfrak{K}$ setzt. Der Übergang von der Kugel $\mathfrak{L}$ zu der Kugel $\mathfrak{L}'_1$ ist eine Permutation der Kugeln von L, wie sie an Hand der Abb. 4 betrachtet worden war.

12. Die Eindeutigkeit der Zerlegung in Primknoten.

In 9. haben wir bemerkt, daß die Primknoten und der Kreis keiner Zerlegung fähig sind, d. h., daß sie sich nicht als ein Produkt von Knoten darstellen lassen, in dem wenigstens 2 Faktoren vom Kreise verschieden sind. In 10. wurde festgestellt, daß sich jeder andere Knoten als Produkt von Primknoten darstellen läßt. Mittels Hilfssatz 12 beweisen wir nun

Satz 7. Jeder Knoten läßt sich auf genau eine Weise in ein Produkt von Primknoten zerlegen.

Damit Satz 7 für Primknoten und für den Kreis gilt, müssen wir Produkte von nur einem Faktor und das leere Produkt zulassen. Der Satz ist zu beweisen für Knoten, die nicht Primknoten oder Kreis sind. Da bereits bekannt ist, daß jeder solche Knoten als ein Produkt von Primknoten darstellbar ist, ist nur noch zu zeigen, daß dies auf nur eine Weise möglich ist. Genauer: Kann man einen Knoten $\varkappa$ einerseits als Produkt der Primknoten $\varkappa_1$, $\varkappa_2, \ldots \varkappa_m$ und andrerseits als Produkt der Primknoten $\lambda_1, \lambda_2, \ldots, \lambda_n$ darstellen, wobei jeder Primknoten so oft steht, wie er als Faktor von $\varkappa$ auftritt, so ist $n = m$ und $\lambda_1, \lambda_2, \ldots, \lambda_n$ ist eine Permutation von $\varkappa_1, \varkappa_2, \ldots, \varkappa_m$. Wir haben in 10. gezeigt, daß es zu jeder Zerlegung eines Knotens in ein Produkt von Primknoten ein zerlegendes System von Kugeln für einen beliebigen Repräsentanten dieses Knotens gibt. Es bleibt zu zeigen, daß je zwei zerlegende Systeme von Kugeln für denselben Repräsentanten eines Knotens äquivalent sind.

Sei k der Repräsentant des Knotens $\varkappa$, der weder Primknoten noch Kreis ist. $\mathfrak{K}_1, \mathfrak{K}_2, \ldots, \mathfrak{K}_m$ seien die Kugel eines zerlegenden Systems K für k; $\mathfrak{L}_1, \mathfrak{L}_2, \ldots, \mathfrak{L}_n$ seien die Kugeln eines weiteren zerlegenden Systems L für k. Nach Hilfssatz 12 existiert ein zu L äquivalentes zerlegendes System, das so beschaffen ist, daß die Ränder der Kugeln dieses Systems zu den Rändern der Kugeln von K punktfremd sind. Wir können daher annehmen, daß das System L bereits so beschaffen ist.

Wir betrachten eine Kugel $\mathfrak{K}_i (i = 1, 2, \ldots, m)$ des Systems K. Sie kann nicht punktfremd sein zu allen Kugeln des Systems L, da sie sonst nach Hilfssatz 11 aus k den Kreis und somit keinen Primknoten ausschnitte. Enthält $\mathfrak{K}_i$ keinen Randpunkt einer Kugel des Systems L, so muß also $\mathfrak{K}_i$ im Inneren einer Kugel des Systems L liegen. Enthält $\mathfrak{K}_i$ Randpunkte einer Kugel von L, so enthält sie den ganzen Rand dieser Kugel im Inneren, da sich die Ränder der Kugeln von K und L gegenseitig nicht treffen. $\mathfrak{K}_i$ liegt also entweder im Inneren einer Kugel von L oder enthält den Rand mindestens einer Kugel von L im Inneren.

Es können nicht 2 Kugeln von K ganz im Inneren einer Kugel von L liegen. Nehmen wir an, daß beispielsweise die Kugeln $\mathfrak{K}_1$ und $\mathfrak{K}_2$ im Inneren von $\mathfrak{L}_1$ lägen. λ_1 sei der Primknoten, der von $\mathfrak{L}_1$ aus k ausgeschnitten wird, $\varkappa_1$ und $\varkappa_2$ seien die Primknoten in $\mathfrak{K}_1$ bzw. $\mathfrak{K}_2$. Nach der Umkehrung von Hilfssatz 8 ist λ_1 das Produkt aus dem Knoten $\varkappa_1$ und demjenigen Knoten, den die Restsehnen bezüglich $\mathfrak{K}_1$ in $\mathfrak{L}_1$ erzeugen. Da $\varkappa_1$ und λ_1 Primknoten sind, ist $\varkappa_1 = \lambda_1$, und der von den Restsehnen bezüglich $\mathfrak{K}_1$ in $\mathfrak{L}_1$ erzeugte Knoten ist der Kreis. Ersetzt man die Sehne von $\mathfrak{L}_1$ durch eine Restsehne bezüglich $\mathfrak{K}_1$, so ändert sich die Sehne von $\mathfrak{K}_2$ nicht,

Die eindeutige Zerlegbarkeit eines Knotens in Primknoten. 49

da $\mathfrak{K}_1$ und $\mathfrak{K}_2$ punktfremd sind. $\mathfrak{K}_2$ schneidet also auch aus dieser Sehne den Knoten $\varkappa_2$ aus. Da die Restsehne in $\mathfrak{L}_1$ den Kreis erzeugt, müßte nach der Umkehrung von Hilfssatz 8 $\varkappa_2$ Faktor des Kreises, also selbst der Kreis sein. Dies ist aber nicht möglich, da $\varkappa_2$ Primknoten sein sollte. Es können also nicht 2 Kugeln von K in einer Kugel von L liegen. Ebenso ist es nicht möglich, daß 2 Kugeln von L in einer Kugel von K liegen.

Enthält eine Kugel von K, etwa $\mathfrak{K}_1$, den Rand einer Kugel von L, etwa von $\mathfrak{L}_1$, im Inneren, nicht aber die ganze Kugel $\mathfrak{L}_1$, so liegt die Komplementärkugel von $\mathfrak{L}_1$ im Inneren von $\mathfrak{K}_1$. Das System L kann nicht nur aus einer Kugel bestehen, da sonst k den Primknoten repräsentieren würde, der in $\mathfrak{L}_1$ liegt, während wir angenommen hatten, daß $\varkappa$ kein Primknoten ist. Außer dem Rand von $\mathfrak{L}_1$ liegt also mindestens eine Kugel von L ganz im Inneren von $\mathfrak{K}_1$ und zwar genau eine, wie im Vorangehenden erörtert wurde. L besteht also in diesem Falle aus 2 Kugeln $\mathfrak{L}_1$ und $\mathfrak{L}_2$, und es liegt $\mathfrak{L}_2$ im Inneren von $\mathfrak{K}_1$. Aus der Umkehrung von Hilfssatz 8 folgt, daß in $\mathfrak{L}_2$ und $\mathfrak{K}_1$ derselbe Primknoten liegt. Wir können daher in dem System K die Kugel $\mathfrak{K}_1$ durch die Teilkugel $\mathfrak{L}_2$ ersetzen, wobei K in ein äquivalentes zerlegendes System übergeht. Da die Ränder der beiden Kugeln von L im Inneren der Kugel $\mathfrak{K}_1$ lagen und die Kugeln eines zerlegenden Systems zueinander punktfremd sind, kann keine weitere Kugel von K Randpunkte einer Kugel von L enthalten.

Nunmehr ergeben sich für die Lage einer Kugel $\mathfrak{K}_i (i = 1, 2, \ldots, m)$ zu den Kugeln von L folgende 3 Möglichkeiten:

1. $\mathfrak{K}_i$ fällt mit einer Kugel von L zusammen.
2. $\mathfrak{K}_i$ enthält genau eine Kugel von L im Inneren.
3. $\mathfrak{K}_i$ liegt im Inneren einer Kugel von L und ist die einzige Kugel von K, die in dieser Kugel von L liegt.

Da die Kugeln von L paarweise punktfremd sind, können nicht zwei dieser Möglichkeiten gleichzeitig auftreten. Jeder Kugel von K wird also auf diese Weise eindeutig eine Kugel von L zugeordnet, wobei verschiedenen Kugeln von K verschiedene Kugeln von L zugeordnet sind. L enthält daher mindestens ebenso viel Kugeln wie K. Es kann aber nicht L aus mehr Kugeln als K bestehen, wie man erkennt, wenn man die Rollen von K und L vertauscht. Fällt eine Kugel von K mit einer Kugel von L zusammen, so ist es klar, daß beide Kugeln aus k denselben Primknoten ausschneiden. In den Fällen, in denen eine Kugel von K genau eine Kugel von L

im Inneren enthält und in denen eine Kugel von K im Inneren einer Kugel von L liegt, ergibt die Umkehrung von Hilfssatz 8, daß die Kugel von K denselben Knoten enthält, wie die ihr zugeordnete Kugel von L, da jede Kugel aus k einen Primknoten ausschneidet. Daraus folgt, daß die zerlegenden Systeme von Kugeln K und L äquivalent sind. Satz 7 ist damit bewiesen.

Aus den Sätzen 3 und 7 ergibt sich, daß sich ein Knoten und seine Primfaktoren gegenseitig eindeutig bestimmen. Es bleibt die Frage offen, ob sich ein allgemeines Verfahren angeben läßt, nach dem ein (etwa in Projektion) vorgelegter Knoten in Primknoten zerlegt werden kann, bzw. nach dem sich entscheiden ließe, ob ein vorgelegter Knoten Primknoten ist oder nicht.

Literatur.

[1] REIDEMEISTER, K.: Knotentheorie. Berlin 1932. — [2] GRAEUB, W.: Semilineare Abbildungen (unveröffentlicht)[27]. — [3] SEIFERT, H.: Über das Geschlecht von Knoten. Math. Ann. Bd. 110 (1935) S. 571. — [4] SEIFERT-THRELFALL: Lehrbuch der Topologie. Leipzig u. Berlin 1934. — [5] ALEXANDROFF-HOPF: Topologie I. Berlin 1935.

[27] Erscheint in den S.-B. Akad. Wiss. Heidelberg.

Jahrgang 1940.
1. F. EICHHOLTZ und W. SERTEL. Weitere Untersuchungen zur Chemie und Pharmakologie der Heidelberger Radiumsole. DM 2.20.
2. H. MAASS. Über Gruppen von hyperabelschen Transformationen. DM 1.20.
3. K. FREUDENBERG, H. WALCH, H. GRIESHABER und A. SCHEFFER. Über die gruppenspezifische Substanz A (5. Mitteilung über die Blutgruppe A des Menschen). DM 0.60.
4. W. SOERGEL. Zur biologischen Beurteilung diluvialer Säugetierfaunen. DM 1.—.
5. Annulliert.
6. M. STECK. Ein unbekannter Brief von Gottlob Frege über Hilbert's erste Vorlesung über die Grundlagen der Geometrie. DM 0.60.
7. C. OEHME. Der Energiehaushalt unter Einwirkung von Aminosäuren bei verschiedener Ernährung. I. Der Einfluß des Glykokolls bei Hund und Ratte. DM 5.60.
8. A. SEYBOLD. Zur Physiologie des Chlorophylls. DM 0.60.
9. K. FREUDENBERG, H. MOLTER und H. WALCH. Über die gruppenspezifische Substanz A (6. Mitteilung über die Blutgruppe A des Menschen). DM 0.60.
10. TH. PLOETZ. Beiträge zur Kenntnis des Baues der verholzten Faser. DM 2.—.

Jahrgang 1941.
1. Beiträge zur Petrographie des Odenwaldes. I. O. H. ERDMANNSDÖRFFER. Schollen und Mischgesteine im Schriesheimer Granit. DM 1.—.
2. M. STECK. Unbekannte Briefe Frege's über die Grundlagen der Geometrie und Antwortbrief Hilbert's an Frege. DM 1.—.
3. Studien im Gneisgebirge des Schwarzwaldes. XII. W. KLEBER. Über das Amphibolitvorkommen vom Bannstein bei Haslach im Kinzigtal. DM 1.60.
4. W. SOERGEL. Der Klimacharakter der als nordisch geltenden Säugetiere des Eiszeitalters. DM 1.40.

Jahrgang 1942.
1. E. GOTSCHLICH. Hygiene in der modernen Türkei. DM 0.60.
2. Studien im Gneisgebirge des Schwarzwaldes. XIII. O. H. ERDMANNSDÖRFFER. Über Granitstrukturen. DM 1.60.
3. J. D. ACHELIS. Die Überwindung der Alchemie in der paracelsischen Medizin. DM 1.40.
4. A. BENNINGHOFF. Die biologische Feldtheorie. DM 1.—.

Jahrgang 1943.
1. A. BECKER. Zur Bewertung inkonstanter α-Strahlenquellen. DM 1.—.
2. W. BLASCHKE. Nicht-Euklidische Mechanik. DM 0.80.

Jahrgang 1944.
1. C. OEHME. Über Altern und Tod. DM 1.—.

1945, 1946 und 1947 sind keine Sitzungsberichte erschienen.

Abhandlungen der Heidelberger Akademie der Wissenschaften
Mathematisch-naturwissenschaftliche Klasse*)

21. L. VAN WERVEKE. Der Verlauf und das Alter der Hauptverwerfungen und der übrigen wichtigeren Störungen und Bewegungen im Gebiet des Mittelrheintalgrabens. 1934. DM 5.—.
22. M. SCHMIDT. Fossilien der spanischen Trias. Mit einem Beitrag von J. v. Pia. Mit 6 Tafeln und 66 Textabbildungen. 1936. DM 8.80.
23. K. FRENTZEN. Ontogenie, Phylogenie und Systematik der Amaltheen des Lias Delta Südwestdeutschlands. Mit 6 Tafeln und 43 Textabbildungen. 1937. DM 11.20.
24. H. VOGT. Zur Physik des Sterninnern. I. Zur Theorie des Sternaufbaues. II. Entartung im Sterninnern. 1940. DM 0.80.
25. W. SCHMIDLE. Die Großformen der Bodenseelandschaft und ihre Geschichte. Mit 6 Karten und 8 Textabbildungen. 1944. DM 5.80.

*) Bestellungen auf Abhandlungen, auch auf die früher erschienenen, nimmt die Weiß'sche Universitätsbuchhandlung in Heidelberg entgegen.

GPSR Compliance

The European Union's (EU) General Product Safety Regulation (GPSR) is a set of rules that requires consumer products to be safe and our obligations to ensure this.

If you have any concerns about our products, you can contact us on

ProductSafety@springernature.com

In case Publisher is established outside the EU, the EU authorized representative is:

Springer Nature Customer Service Center GmbH
Europaplatz 3
69115 Heidelberg, Germany